제주 오름에 피는 들꽃

Wild Flowers on Oreum in Jeju Island

국립산림과학원 지음

21세기사

들어가며

오름은..
제주도에 분포하는 작은 화산체를 말하며 주로 '악', '봉', '산' 등으로 불린다.

우리나라에서 제주도 오름은 독특한 자연경관, 다양한 동·식물이 서식하는 곳이다. 또한 오름은 위치적으로 한라산, 곶자왈과 연결선 상에 있으며 생물다양성이 풍부한 서식 공간으로 제주 동쪽 오름에 자생하는 피뿌리풀과 서쪽 오름에 자생하는 갯취 등 각종 희귀식물의 자생지이기도 하다. 제주도 내 오름은 총 368개로 제주시 210개, 서귀포시에 158개로 형성되어 있다. 이 오름들은 해안 저지대부터 고지대까지 분포하며 동식물의 구성이나 식생유형 등에서 독특한 특성을 보여주고 있다. 이렇듯 오름은 제주도를 대표하는 중요한 생태자원임에도 불구하고 오름 연구는 대부분 오름 자체에 대한 설명에 국한되어 있고 오름의 식물, 꽃에 대한 자료는 거의 없어 이에 대한 연구들이 꼭 필요한 실정이다.

난대아열대산림연구소는 특이산림생태계인 오름, 곶자왈, 용암함몰구 등이 제주도의 정체성을 제대로 간직한 소중한 공간으로 자리 잡을 수 있도록 꾸준히 연구해 나갈 것이다. 그런 의미에서 '제주 오름에 피는 들꽃'은 다양한 꽃들이 살고 있는 오름의 생태적 중요성과 종다양성에 대한 가치를 높이고자 제작되었다.

일러두기

01 이 책에 수록된 내용은 '제주 곶자왈 및 특이산림생태계의 기능 증진을 위한 관리 기술 개발'(2019~2023) 연구 결과 중 일부임. 대상종은 제주 오름에 자생하는 35과 87속 105분류군을 정리하였음.

02 식물의 분류체계와 학명은 국가표준식물목록(Checklist of Vascular Plants in Korea, 2017)을 기준으로 하였음.

03 종의 보존 및 증식 연구에 있어 중요한 특성인 종자산포 유형은 다음 기준으로 제시하였음.
- 바람산포형(anemochory) : 바람을 매개수단으로 하는 유형
- 동물부착산포형(exozoochory) : 동물의 몸에 부착되어 산포되는 유형
- 동물섭식산포형(endozoochory) : 동물의 섭식활동에 의해 산포되는 유형
- 중력산포형(barochory) : 열매의 무게로 인해 땅에 낙하하여 산포되는 유형
- 자동산포형(자연산포, 기계적산포, 가산포; autochory) : 성숙한 삭과가 열려서 물리적으로 튀어나가 산포되는 유형
- 이단계산포형(diplochory, secondary dispersal, indirect dispersal, two-phase dispersal) : 두 가지 이상의 산포 작용이 순차적으로 일어나 산포되는 유형

04 식물의 분포 및 자생지는 여러 문헌을 이용하였으며 국내외 지리적 상황을 구분하여 설명하였음.

CONTENTS

Part **1**
제주 오름의
자원조사

제주 오름의 자원조사 목적

제주도에는 오랜기간동안 화산활동으로 형성된 오름과 곶자왈, 용암함몰구 등 독특한 지형지질을 가지고 있는 곳이 많다. 이 곳은 오래전부터 지역 주민들로부터 땔감이나 식·약용 재료를 채취하거나 방목지로 이용하는 등 생활터전으로 이용되어져 왔다. 지역 주민들의 활동은 오늘날 곶자왈 및 오름 산림생태계의 형태에 영향을 주었을 것으로 판단된다. 또한 곶자왈은 오름의 화산활동으로 형성된 지역으로 오름-곶자왈-용암함몰구로 이어지는 연결된 생태계로서 제주도 생태계 생물다양성의 한 축이 되고 있다. 최근 제주도는 독특한 화산지형과 산림생태계의 가치를 인정받아 유네스코3관왕(생물권보전지역 지정, 세계자연유산 인증, 세계지질공원 인증)이라는 브랜드를 갖고 있지만 대규모 개발과 무분별한 오름 탐방으로 인해 오름, 곶자왈 등 중산간 지역의 자연생태계의 훼손이 가속화 되고 있다. 따라서 생물다양성 유지의 중추적인 역할을 하는 오름을 보전하기 위한 관리 방안 마련이 필요하다. 나아가, 제주지역 특이산림생태계의 생물다양성 유지 및 증진을 위하여 중요성을 부각하고 가치를 발굴하기 위한 관리와 활용기술 개발이 필요하다.

제주 오름의 자원조사 목적

- 기 간 | 2019~2020년
- 방 법 | 현지 조사를 통한 식물상 조사 및 사진 자료 수집
- 결 과

  제주도에는 368개의 오름이 있으며 제주시에 210개, 서귀포시 158개가 있다. 2019년에는 제주시를 대상으로 178개(국립공원 제외) 오름 중 식생 유형별 7개를 조사하였으며 2020년에는 서귀포시를 대상으로 142개(국립공원 제외) 오름 중 8개를 조사하였다. 조사 대상지는 식생 유형으로 분류하여 상록활엽수림, 낙엽활엽수림, 침엽수림, 혼효림, 관목림, 습지, 초지, 인공지이다. 효율적인 조사를 위하여 식생유형, 면적, 비고 등을 분석하여 유형별 조사대상 오름 총 15개(2019~2020년)를 선정하여 조사하였다.

제주도 오름(368개)

제주 오름 전경 : 동서로 긴 타원형의 제주도는 동쪽오름군과 서쪽오름군의 식생 또한 차이를 보인다.
피뿌리풀, 산해박 등은 동쪽오름군에 자생하고 갯취, 조개나물 등은 서쪽오름군에 자생한다.

조사 대상 오름 선정(식생, 면적, 비고 등 고려)

조사 대상 오름 현황 - 제주시

오름명	위치	비고*	해발고	면적(m²)**	식생형	조사년도
금오름	제주시 한림읍 금악리 산1-1, 2번지	178	427.5	741,876	습지	2019년
안돌오름	제주시 구좌읍 송당리 산66-2	93	368.1	333,891	관목림	2019년
용눈이오름	제주시 구좌읍 종달리 산28번지	88	247.8	417,435	초지	2019년
입산봉	제주시 구좌읍 동김녕리 1033번지 일대	65	84.5	231,699	인공지	2019년
절물오름	제주시 봉개동 산78-1번지	147	696.9	509,634	낙엽활엽수림	2019년
지미봉	제주시 구좌읍 종달리 산3-1, 4, 5번지	160	165.8	428,142	침엽수림	2019년
체오름	제주시 구좌읍 덕천리 산2번지	117	382.2	577,229	상록활엽수림	2019년

* 비고 : 어떤 범위안에서 최고 높이와 최저 높이의 차
** 면적 : GIS 도면 면적 산출

조사 대상 오름 현황 - 서귀포시

오름명	위치	비고	해발고	면적(m²)	식생형	조사년도
당오름	서귀포시 안덕면 동관리 산68-1번지	118	473.0	574,954	초지	2020년
물영아리	서귀포시 남원읍 수망리 산189번지	128	508.0	622,421	습지	2020년
민머루오름	서귀포시 중문동 산1-3번지	82	882.7	443,106	낙엽활엽수림	2020년
병곳오름	서귀포시 표선면 가시리 산 8번지 일대	113	288.1	485,168	혼효림	2020년
수악	서귀포시 남원읍 하례리 산 10번지	149	474.3	319,423	상록활엽수림	2020년
원수악	서귀포시 안덕면 동관리 산 41번지 일대	98	458.5	477,251	관목림	2020년
자배봉	서귀포시 남원읍 위미리 산 143번지 일대	111	211.3	490,102	침엽수림	2020년
하논	서귀포시 호근동 149번지 일대	88	143.4	411,557	인공지	2020년

조사 대상지 식물상 현황

제주시와 서귀포시 식생 유형별 습지식생, 초지식생, 관목식생, 낙엽활엽수림, 상록활엽수림, 침엽수림, 혼효림, 인공지역 등으로 출현식물은 146과 444속 683종 15아종 52변종 13품종 총 763분류군으로 확인되었다. 조사 대상지 식물상 현황에는 다랑쉬오름이 포함되었다. 이는 동부지역의 대표적인 오름으로 분화구 남사면에 소나무 군락이 잘 발달되어 있어 2019년도 산림유전자원보호구역으로 지정하기 위해 조사를 진행하였다. 고사리, 무릇, 띠, 댕댕이덩굴, 인동덩굴, 멍석딸기, 찔레꽃, 가시엉겅퀴 등이 오름에 주로 나타나는 것으로 확인되었다.

조사 대상지 오름 식물상

	과	속	종	아종	변종	품종	전체	비율 (%)
양치식물	17	31	55	1	4	-	60	7.9
나자식물	5	9	11	-	-	-	11	1.4
피자식물	124	404	617	14	48	13	692	90.7
쌍자엽식물	104	310	480	13	35	9	537	70.4
단자엽식물	20	94	137	1	13	4	155	20.3
합계	146	444	683	15	52	13	763	100.0

그 중 조사 오름에 일반적으로 출현하여 꽃이 아름다운 종과 희귀하여 보호가 필요한 80종을 선정하였고 오름 주변부에 나타나는 25종을 추가 조사하여 총 35과 87속 105분류군을 정리하였다.

선정된 105종의 분포 및 특성

종명	생태특성				희귀식물
	식물 형태	꽃 색	개화 시기	종자산포	
고사리삼	동록성 여러해살이풀	-	-	Anemochory	
고사리	여러해살이풀	-	-	Anemochory	
패랭이꽃	여러해살이풀	분홍색	6~8월	Barochory	
왜승마	여러해살이풀	흰색	7~8월	Barochory	
으아리	잎이 지는 넓은잎 덩굴식물	흰색	6~8월	Anemochory	
가는잎할미꽃	여러해살이풀	자주색	4~5월	Anemochory	
미나리아재비	여러해살이풀	노란색	4~6월	Barochory	
댕댕이덩굴	잎이 지는 넓은잎 덩굴식물	노란빛이 도는 흰색	5~6월	Endozoochory	
옥녀꽃대	여러해살이풀	흰색	4~5월	Barochory	산림청 희귀식물
물레나물	여러해살이풀	밝은 노란색	6~8월	Autochory	
고추나물	여러해살이풀	밝은 노란색	7~8월	Barochory	
자주괴불주머니	두해살이풀	홍자색	5월	Autochory	
물매화	여러해살이풀	흰색	7~8월	Barochory	
딱지꽃	여러해살이풀	노란색	5~6월	Barochory	

종명	생태특성				희귀식물
	식물 형태	꽃 색	개화 시기	종자산포	
솜양지꽃	여러해살이풀	노란색	4~8월	Barochory	산림청 희귀식물
이스라지	잎이 지는 넓은잎 작은키나무	연한 분홍색	3~4월	Endozoochory	
찔레꽃	잎이 지는 넓은잎 작은키나무	흰색	5월	Endozoochory	
멍석딸기	잎이 지는 넓은잎 작은키나무	연한 분홍색	4~5월	Endozoochory	
줄딸기	잎이 지는 넓은잎 덩굴식물	연한 분홍색	4~5월	Endozoochory	
오이풀	여러해살이풀	붉은색	7~8월	Barochory	
국수나무	잎이 지는 넓은잎 작은키나무	노란 빛이 도는 흰색	6~7월	Barochory	
자주개황기	여러해살이풀	자주색	7~8월	Barochory	
여우팥	덩굴성 여러해살이풀	황색	7~8월	Autochory	
낭아초	잎이 지는 작은키나무	연한홍색	7~8월	Autochory	
싸리	잎이 지는 넓은잎 작은키나무	붉은 빛이 도는 자주색	7~8월	Barochory	
비수리	여러해살이풀	흰색	8~9월	Barochory	
괭이싸리	여러해살이풀	흰색	8~9월	Barochory	
벌노랑이	여러해살이풀	노란색	6~8월	Autochory	
노랑개자리	여러해살이풀	연갈색	6~9월	Barochory	
여우콩	덩굴성 여러해살이풀	황색	8~9월	Autochory	
고삼	여러해살이풀	노란색	6~8월	Barochory	
살갈퀴	두해살이풀	붉은 빛이 도는 자주색	5월	Autochory	
나비나물	여러해살이풀	연한 자주색	6~8월	Autochory	
돌동부	여러해살이풀	연한 자주색	8~9월	Autochory	
쥐손이풀	여러해살이풀	연한 자주색	6~8월	Autochory	
이질풀	여러해살이풀	자주색이 도는 붉은색	6~8월	Autochory	
등대풀	두해살이풀	연한 초록색	4~5월	Autochory	
여우구슬	한해살이풀	붉은색을 띤 갈색	7~8월	Autochory	
애기풀	여러해살이풀	연한 붉은색	4~5월	Anemochory	
물봉선	한해살이풀	자주빛이 도는 붉은색	8~9월	Autochory	
피뿌리풀	여러해살이풀	붉은 빛이 도는 보라색	5월	Barochory	산림청 희귀식물
콩제비꽃	여러해살이풀	흰색	4~6월	Autochory	
낚시제비꽃	여러해살이풀	연한 자주색	3~5월	Autochory	
왜제비꽃	여러해살이풀	자주색	4~5월	Autochory	
제비꽃	여러해살이풀	자주색	3~5월	Autochory	
구릿대	두해살이풀	흰색	6~8월	Barochory	
개시호	여러해살이풀	노란색	7~8월	Barochory	

종명	생태특성				희귀식물
	식물 형태	꽃 색	개화 시기	종자산포	
큰까치수염	여러해살이풀	흰색	6~7월	Barochory	
구슬붕이	두해살이풀	연한 자주색	5~6월	Barochory	
자주쓴풀	두해살이풀	자주색	9~10월	Barochory	
산해박	여러해살이풀	연한 황갈색	8~9월	Anemochory	
박주가리	덩굴성 여러해살이풀	연한 자주색	7~8월	Anemochory	
솔나물	여러해살이풀	노란색	6~8월	Barochory	
누린내풀	여러해살이풀	분홍색을 띤 보라색	7~8월	Barochory	
조개나물	여러해살이풀	자주색	5~6월	Barochory	
층층이꽃	여러해살이풀	붉은색	7~8월	Barochory	
꽃향유	한해살이풀	분홍빛이 도는 자주색	9~10월	Barochory	
익모초	두해살이풀	붉은빛이 도는 자주색	7~8월	Barochory	
송장풀	여러해살이풀	연한 붉은색	8~9월	Barochory	
꿀풀	여러해살이풀	붉은빛이 도는 자주색	5~7월	Barochory	
골무꽃	여러해살이풀	자주색	5~6월	Barochory	
소황금	여러해살이풀	자주색	7~9월	Barochory	
나도송이풀	반기생 한해살이풀	연한 자주색	8~9월	Barochory	
절국대	여러해살이풀	노란색	7~8월	Barochory	
야고	기생 한해살이풀	홍자색	9월	Diplochory	산림청 희귀식물
인동덩굴	반상록 넓은잎 덩굴식물	노란색	6~7월	Diplochory	
당잔대	여러해살이풀	파란색	7~8월	Barochory	
잔대	여러해살이풀	연한 파란색	7~9월	Barochory	
소경불알	덩굴성 여러해살이풀	자주색	7~9월	Barochory	
애기도라지	여러해살이풀	하늘색	6~8월	Barochory	
쑥부쟁이	여러해살이풀	자주색	7~10월	Anemochory	
삽주	여러해살이풀	자주색이 도는 흰색	7~10월	Anemochory	
산국	여러해살이풀	노란색	9~10월	Anemochory	
엉겅퀴	여러해살이풀	보라색	6~8월	Anemochory	
가시엉겅퀴	여러해살이풀	자주색 또는 붉은색	6~9월	Anemochory	
절굿대	여러해살이풀	파란색을 띠는 자주색	7~8월	Anemochory	
갯취	여러해살이풀	노란색	6~7월	Anemochory	산림청 희귀식물
쇠서나물	두해살이풀	노란색	6~9월	Anemochory	
산비장이	여러해살이풀	보라색	7~10월	Anemochory	
민들레	여러해살이풀	노란색	4~5월	Anemochory	

종명	생태특성				희귀식물
	식물 형태	꽃 색	개화 시기	종자산포	
솜방망이	여러해살이풀	노란색	5~6월	Anemochory	
무릇	여러해살이풀	연한 자주색	7~9월	Barochory	
윤판나물아재비	여러해살이풀	흰색	4~5월	Endozoochory	
원추리	여러해살이풀	노란색	4~5월	Barochory	
땅나리	여러해살이풀	진한 주황색	6~7월	Autochory	산림청 희귀식물
둥굴레	여러해살이풀	흰색	6~7월	Diplochory	
산자고	여러해살이풀	흰색	4~5월	Barochory	
제주상사화	여러해살이풀	흰색	8월	Barochory	산림청 희귀식물
노란별수선	여러해살이풀	노란색	5~8월	Barochory	
범부채	여러해살이풀	주황색	6~8월	Barochory	산림청 희귀식물
각시붓꽃	여러해살이풀	자주색	4~5월	Autochory	
솔붓꽃	여러해살이풀	연보라색	4~5월	Autochory	멸종위기종
꿩의밥	여러해살이풀	붉은색을 띤 갈색	4~5월	Anemochory	산림청 희귀식물
개솔새	여러해살이풀	연한 자주색	9월	Barochory	
띠	여러해살이풀	흰색	5월	Anemochory	
억새	여러해살이풀	연한 보라색	9월	Diplochory	
수크령	여러해살이풀	보라색	8~9월	Endozoochory	
잔디	여러해살이풀	-	5~6월	Barochory	
애기방울난초	여러해살이풀	연한 녹색	9~10월	Barochory	
잠자리난초	여러해살이풀	흰색	6~8월	Diplochory	
씨눈난초	여러해살이풀	연한 초록색	6~7월	Barochory	
방울난초	여러해살이풀	연한 초록색	9~10월	Barochory	산림청 희귀식물
산제비란	여러해살이풀	연한 초록색	5월	Diplochory	산림청 희귀식물
방울새란	여러해살이풀	흰색	5~6월	Barochory	
타래난초	여러해살이풀	분홍색	5~8월	Barochory	산림청 희귀식물

식물의 형태는 여러해살이풀이 105종 중 78종(74.3%)으로 가장 많았고 다음으로 두해살이풀 8종(7.6%), 잎이 지는 넓은잎 작은키나무 5종(4.8%), 덩굴성 여러해살이풀 4종(3.8%), 한해살이풀 4종(3.8%), 잎이 지는 넓은잎 덩굴식물 등 6종(5.7%)으로 확인되었다. 꽃의 개화기는 7~8월이 16.2%로 가장 많았고 4~5월과 6~8월이 13.3%, 8~9월 8.6%, 5~6월 7.6%, 6~7월 6.7%로 확인되었다. 3월부터 6월에 피는 종이 60%이며 7, 8, 9월에 피는 종이 40%

인되어 주로 4~6월에 꽃들이 피고 있다. 종자산포형은 열매가 익으면 벌어져 씨앗이 땅으로 떨어지거나 번식하는 유형(중력산포형)이 48.6%로 가장 많았고, 열매가 익으면 터지면서 씨앗이 밖으로 튕겨 나오는 유형(자동산포형) 20.0%, 포자가 바람에 날려 번식하는 유형(바람산포형) 19%, 두가지 이상의 산포작용이 순차적으로 일어나 산포되는 유형(이단계산포형) 5.7%, 열매를 동물이 먹고 씨앗을 배설하여 번식하는 유형(동물섭식산포형) 5.7%, 동물의 몸에 부착되어 산포되는 유형(동물부착산포형) 1.0%로 확인되었다. 105종 희귀식물은 총 12종이 확인되었으며 그 중 1종(솔붓꽃)이 멸종위기 종이었다.

선정된 105종의 형태 비율(%)

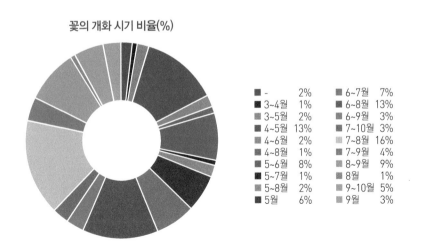

꽃의 개화 시기 비율(%)

- 2%	6~7월 7%
3~4월 1%	6~8월 13%
3~5월 2%	6~9월 3%
4~5월 13%	7~10월 3%
4~6월 2%	7~8월 16%
4~8월 1%	7~9월 4%
5~6월 8%	8~9월 9%
5~7월 1%	8월 1%
5~8월 2%	9~10월 5%
5월 6%	9월 3%

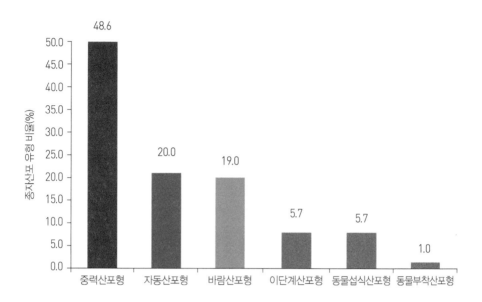

식물의 종자산포 유형 비율(%)

Part **2**

제주 오름에
피는 꽃

01

고사리삼(정, 1937)

학　　명 *Botrychium ternatum* (Thunb.) Sw. in J. Bot. (Schrader) 1801: 111. 1801.

학명이명 *Osmunda ternata* Thunb. in Syst. Veg. (ed. 14) 927. 1784.

국명이명 꽃고사리(박, 1961)

생태특성 Habit

- 동록성의 여러해살이풀 Summer-deciduous perennial herb
- 포자엽이 영양엽보다 길게 자란다.
  Sporophore stalk arising from base to sterile lamina
- 포자낭은 둥글고 9~11월에 익는다. Sporangia: Globose. Spore maturation: September~November
- 포자가 바람에 날아가 번식한다. Anemochory

분포 및 자생지 Distribution and Habitats

- 한국(전도), 일본, 중국, 대만, 히말라야 Korea (All provinces), Japan, China, Taiwan, Himalayas
- 숲 속의 양지바른 곳 Sunny places in forest

② 고사리(정, 1937)

학 명	*Pteridium aquilinum* var. *latiusculum* (Desv.) Underw. ex A. Heller in Cat. N. Amer. Pl. (ed. 3) 17. 1909.
학명이명	*Pteris latiuscula* Desv. in Mém. Soc. Linn. Paris 6: 303. 1827.
국명이명	층층고사리(정, 1949), 참고사리(정, 1949), 북고사리(안, 1982)

생태특성 Habit

- 여러해살이풀 Perennial herb
- 잎은 하나로 영양엽과 포자엽의 구분이 없다. Lamina: Not divided
- 포자낭은 잎 뒷면에 2줄로 달리며 6~8월에 익는다. Sporangia: 2 lines (on the back)
  Spore maturation: June~August
- 포자가 바람에 날아가 번식한다. Anemochory

분포 및 자생지 Distribution and Habitats

- 한국(전국), 러시아, 일본, 중국, 캄차카 Korea (All provinces), Russia, Japan, China, Kamchatka
- 양지바른 초지 Sunny grassland

03 패랭이꽃(정, 1937)

학   명 *Dianthus chinensis* L. in Sp. Pl. 1: 411 1753.

학명이명 *Dianthus tataricus* Fisch., Cat. Jard. Pl. Gorenki 2: 59 1812.
Dianthus amurensis Jacq., J. Soc. Imp. Centr. Hort. 7: 625
1861.

국명이명 석죽(정, 1937)

생태특성 Habit

- 여러해살이풀 Perennial herb
- 꽃은 분홍색으로 6~8월에 가지 끝에서 한 송이씩 핀다. Flower colour: Pink, Flowering: June-August, Inflorescences: Solitary
- 열매는 타원모양의 삭과로 8~9월에 익는다. Fruiting: August~September, Capsule: oval
- 열매가 익으면 벌어져 씨앗이 땅으로 떨어지거나 번식한다. Barochory

분포 및 자생지 Distribution and Habitats

- 한국, 러시아, 몽골, 중국, 카자흐스탄 Korea, Russia, Mongolia, China, Kazakhstan
- 숲 가장자리 또는 초지 Forest margins or grasslands

④ 왜승마(정, 1949)

학   명 *Actaea japonica* Thunb. in Syst. Veg., ed. 14 (J. A. Murray) 488. 1784.

학명이명 *Cimicifuga japonica* (Thunb.) Spreng., Syst. Veg. ed. 16, 2: 628 1825.

　　　　 Thalictrodes japonicum (Thunb.) Kuntze, Revis. Gen. Pl. 1: 4 1891.

국명이명 승마(박, 1974)

생태특성 Habit

- 여러해살이풀 Perennial herb
- 꽃은 흰색으로 7~8월에 총상꽃차례에서 여러 송이씩 핀다. Flower colour: White, Flowering: July~August, Inflorescences: Many flowered (raceme)
- 열매는 긴타원모양의 골돌과로 8~9월에 익는다. Fruiting: August~September, Follicle: Oblong
- 열매가 익으면 벌어져 씨앗이 땅으로 떨어져 번식한다. Barochory

분포 및 자생지 Distribution and Habitats

- 한국(제주도), 일본 Korea (Jeju-do), Japan
- 숲 가장자리 또는 양지바른 곳 Forest margins or sunny places in forest

05 으아리(정, 1937)

학　명　*Clematis terniflora* var. *mandshurica* (Rupr.) Ohwi in Acta Phytotax. Geobot 7(1): 43. 1938.

학명이명　*Clematis mandshurica* Rupr. in Bull. Cl. Phys.-Math. Acad. Imp. Sci. Saint-Pétersbourg 15: 258. 1857.

국명이명　위령선(정, 1937), 북참으아리(박, 1949), 응아리(안, 1982)

생태특성 Habit

- 잎이 지는 넓은잎 덩굴식물 Deciduous broad-leaved vine
- 꽃은 흰색으로 6~8월에 잎겨드랑이에서 나온 취산꽃차례에 여러 송이씩 핀다.
  Flower colour: White, Flowering: June~August, Inflorescences: Many flowered (Cyme)
- 열매는 달걀모양의 수과로 꼬리 같은 흰 털이 있으며 8~9월에 익는다.
  Fruiting: August~September, Achene: Broadly ovoid to obovate
- 씨앗이 바람에 날려 이동한다. Anemochory

분포 및 자생지 Distribution and Habitats

- 한국(전국), 러시아, 몽골, 일본, 중국 Korea (All provinces), Russia, Mongolia, Japan, China
- 숲 가장자리나 덤불이 무성한 곳 Forest margins or scrubs

06 가는잎할미꽃(박, 1949)

학   명 *Pulsatilla cernua* (Thunb.) Bercht. ex J.Presl, Reliq. Haenk. 1: 22 1825.

학명이명 *Anemone cernua* Thunb. in Fl. Jap. 238. 1784.

국명이명 가는할미꽃(정, 1937), 일본할미꽃(정, 1957), 남할미꽃(박, 1974)

꽃은 자주색이나 간혹 노란색인 경우도 있다.

생태특성 Habit

- 여러해살이풀 Perennial herb
- 꽃은 자주색으로 4~5월에 꽃줄기 끝에서 한 송이씩 핀다. Flower colour: Purple, Flowering: April~May, Inflorescence: Solitary
- 열매는 거꿀달걀모양의 수과로 흰 털이 있으며 5~6월에 익는다. Fruiting: May~June, Achene: Obovate-oblong
- 씨앗이 바람에 날려 이동한다. Anemochory

분포 및 자생지 Distribution and Habitats

- 한국(제주도), 러시아, 일본, 중국 Korea (Jeju-do), Russia, Japan, China
- 양지바른 초지 Sunny grassland

⑦ 미나리아재비(정, 1937)

학　　명　*Ranunculus japonicus* Thunb. in Trans. Linn. Soc. London 2: 337 1794.

학명이명　*Ranunculus acris* Regel var. *japonicus* (Thunb.) Maxim., Enum. Pl. Mongolia 1: 21 1889.

　　　　　Ranunculus labordei H.Lév. & Vaniot, Bull. Acad. Int. Géogr. Bot. 11: 50 1902.

국명이명　놋동이(정, 1949), 자래초(정, 1949)

생태특성 Habit

● 여러해살이풀 Perennial herb
● 꽃은 노란색이고 4~6월에 가지 끝에서 한 송이씩 핀다. Flower colour: Yellow, Flowering: April~June, Inflorescence: Solitary
● 열매는 넓은 거꿀달걀모양의 수과로 4~6월에 익는다. Fruiting: April~June, Achene: Broadly obovate
● 열매가 땅으로 떨어져 번식한다. Barochory

분포 및 자생지 Distribution and Habitats

- 한국(전국), 대만, 러시아, 만주, 몽골, 일본, 중국 Korea (All provinces), Taiwan, Russia, Manchuria, Mongolia, Japan, China
- 습한 초지 주변 wet grassland

⑧ 댕댕이덩굴(정, 1937)

학　명	*Cocculus orbiculatus* (L.) DC., Syst. Nat. 1: 523 1817.
학명이명	*Menispermum trilobum* Thunb. in Fl. Jap. 194. 1784.
	Menispermum orbiculatum L., Sp. Pl. 1: 341 1753.
국명이명	꾯비돗초(정, 1942), 댕강덩굴(정, 1942)

생태특성 Habit

- 잎이 지는 넓은잎 덩굴식물 Deciduous broad-leaved vine
- 꽃은 노란빛이 도는 흰색으로 5~6월에 원뿔모양꽃차례에 여러 송이씩 핀다.
  Flower colour: Yellowish white, Flowering: May~June, Inflorescence: Many flowered (Panicle)
- 열매는 공 모양의 핵과로 8~10월에 검은색으로 익는다.
  Fruiting: August~October (Black), Drupe: globose
- 동물이 열매를 먹고 씨앗을 배설하여 번식한다. Endozoochory

분포 및 자생지 Distribution and Habitats

- 한국(전국), 말레이시아, 인도, 일본, 중국, 필리핀 Korea(All provinces), Malaysia, India, Japan, China, Philippines
- 숲 가장자리나 덤불이 무성한 초지 Forests margins or grassland with scrub

홀아비꽃대과 Chloranthaceae

⑨ 옥녀꽃대(이, 1969)

학　명　*Chloranthus fortunei* (A. Gray) Solms in DC., Prodr.
16: 476, 1868.

학명이명　*Tricercandra fortunei* A.Gray, Mem. Amer. Acad. Arts ser.
6: 405. 1859.

Chloranthus koreanus Nakai, Fl. Sylv. Kor. 18: 16. 1930.

생태특성 Habit

- 여러해살이풀 Perennial herb
- 꽃은 흰색으로 4~5월 핀다. Flower colour: White, Flowering: April~May
- 열매는 둥근모양의 삭과이며 6~7월에 익는다. Fruiting: June~July, Capsule: Globose
- 씨앗이 땅으로 떨어져 번식한다. Barochory

분포 및 자생지 Distribution and Habitats

- 한국(제주도, 경상남도, 전라남도) 특산식물 Korea (Jeju-do, Gyoengsangnam-do, Jeollanam-do) Endemic
- 숲 가장자리 또는 양지바른 곳 Forest margins or sunny places in forest

⑩

물레나물(정, 1937)

학 명	*Hypericum ascyron* L. in Sp. Pl. 2: 783–784. 1753.
학명이명	*Hypericum gebleri* Ledeb., Fl. Altaic. 3: 364 1831.
	Roscyna japonica Blume, Mus. Bot. 2: 21 1856.
국명이명	애기물레나물(정, 1937), 큰물레나물(정, 1937), 매대채(정, 1956), 좀물레나물(박, 1974), 긴물레나물(박, 1974)

생태특성 Habit

- 여러해살이풀 Perennial herb
- 꽃은 밝은 노란색이고 6~8월에 가지 끝에서 한 송이씩 핀다. Flower colour: Bright yellow. Flowering: June~August, Inflorescence: Solitary
- 열매는 달걀모양의 삭과로 8~9월에 익는다. Fruiting: August~September, Capsule: ovoid
- 열매가 익으면 씨앗이 밖으로 튕겨져 나온다. Autochory

분포 및 자생지 Distribution and Habitats

- 한국(남부), 러시아, 몽골, 일본 Korea (South part), Russia, Mongolia, Japan
- 습한 초지 Wet grassland

⑪

고추나물(정, 1937)

학　명　*Hypericum erectum* Thunb. in Syst. Veg. (ed. 14) 702. 1784.

학명이명　*Hypericum erectum* var. *obtusifolium* Blume, Mus. Bot. 2: 25 1856.
Hypericum perforatum var. *confertiflorum* Debeaux, Actes Soc.
Linn. Bordeaux 31: 130 1876.

생태특성 Habit

- 여러해살이풀 Perennial herb
- 꽃은 밝은 노란색이고 7~8월에 가지 끝에 여러 송이씩 핀다. Flower colour: Bright yellow.
  Flowering: July~August, Inflorescence: Many flowered
- 열매는 달걀모양의 삭과로 9~10월에 익는다. Fruiting: September~October, Capsule: ovoid
- 씨앗이 땅으로 떨어져 번식한다. Barochory

분포 및 자생지 Distribution and Habitats

- 한국, 대만, 사할린, 일본, 중국 Korea, Taiwan, Sakhalin, Japan, China
- 습한 초지 Wet grassland

자주괴불주머니(정, 1937)

학 명 *Corydalis incisa* (Thunb.) Pers. in Syn. Pl. 2: 269 1806.

학명이명 *Fumaria incisa* Thunb. in Nova Acta Acad. Sci. Imp. Petrop. Hist. Acad. 12: 104, pl. D. 1801.

국명이명 자주현호색(박, 1949)

생태특성 Habit

- 두해살이풀 Biennial herb
- 꽃은 홍자색으로 5월에 원줄기 끝에 총상으로 달린다. Flower colour: Purple-red, Flowering: May, Inflorescence: raceme
- 열매는 장타원형의 삭과로 흑색 윤채가 있는 종자가 튀어나온다. Capsule: Oblong
- 열매가 익으면 터지면서 씨앗이 밖으로 튕겨 나온다. Autochory

분포 및 자생지 Distribution and Habitats

- 한국(제주도, 전라남도, 함경북도), 일본, 중국 Korea (Jeju-do, Jeollanam-do, Hamgyeongbuk-do), Japan, China
- 숲 가장자리나 덤불이 무성한 초지 Forests margins or grassland with scrub

물매화(박, 1949)

학　　명　*Parnassia palustris* L. in Sp. Pl. 1: 273. 1753.

학명이명　*Parnassia palustris* var. *multiseta* Ledeb., Fl. Ross. (Ledeb.) 1:
263 1842.

Parnassia mucronata Siebold & Zucc., Abh. Math.-Phys. Cl.
Königl. Bayer. Akad. Wiss. 4: 169 1843.

국명이명　물매화풀(정, 1937), 풀매화(박, 1974)

생태특성 **Habit**

- 여러해살이풀 Perennial herb
- 꽃은 흰색으로 7~8월에 꽃줄기 끝에서 한 송이씩 핀다.
  Flower colour: White, Flowering: July~August, Inflorescence: Solitary
- 열매는 달걀모양의 삭과로 4개로 갈라지며 9~10월에 익는다. Fruiting: September~October,
  Capsule: ovoid(4 parted)
- 열매가 익으면 벌어져 씨앗이 땅으로 떨어진다. Barochory

분포 및 자생지 Distribution and Habitats

- 한국, 러시아, 몽골, 북미, 유럽, 일본, 중국 동북부, 카자흐스탄 Korea, Russia, Mongolia, N America, Europe, Japan, NE China, Kazakhstan
- 습한 초지의 경사진 곳 또는 계곡의 습하고 응달진 곳
  Moist grassy slopes or shaded moist places in valleys

장미과 Rosaceae

⑭ 딱지꽃(정, 1937)

학　　명 *Potentilla chinensis* Ser. in Can-dolle, Prodr. 2: 581. 1825.

국명이명 *Potentilla exaltata* Bunge, Enum. Pl. China Bor. [A.A. von Bunge] 24 1833.

Potentilla chinensis var. *micrantha* Franch. & Sav., Enum. Pl. Jap. 2: 338 1879.

국명이명 갯딱지(정, 1937), 딱지(박, 1949), 당딱지꽃(정, 1956)

생태특성 Habit

- 여러해살이풀 Perennial herb
- 꽃은 노란색으로 5~6월에 취산꽃차례에서 여러 송이씩 핀다. Flower colour: Yellow, Flowering: May~June, Inflorescence: Many flowered(Cyme)
- 열매는 넓은 달걀모양의 수과로 7~8월에 익는다. Fruiting: July~August, Achene: Broad-ovoid
- 열매가 익으면 땅으로 떨어져 번식한다. Barochory

분포 및 자생지 Distribution and Habitats

- 한국, 대만, 러시아, 몽골, 일본, 중국 Korea, Taiwan, Russia, Mongolia, Japan, China
- 숲 가장자리나 초지 또는 덤불 Forest margins, grasslands or thickets

⑮

솜양지꽃(정, 1949)

학　　명 *Potentilla discolor* Bunge in Enum. Pl. China Bor. 25. 1833.

학명이명 *Potentilla formosana* Hance, Ann. Sci. Nat., Bot. 5: 212 1866.
Potentilla discolor var. *formosana* Franch., Pl. Delavay. 212 1890.

국명이명 칠양지꽃(정, 1937), 닭의발톱(안, 1982)

생태특성 Habit

- 여러해살이풀 Perennial herb
- 꽃은 노란색으로 4~8월에 취산꽃차례에서 여러 송이씩 핀다.
  Flower colour: Yellow. Flowering: April~August. Inflorescence: Many
  flowered (Cyme)
- 열매는 콩팥과 비슷한 모양의 수과로 8월에 익는다.
  Fruiting: August. Achene: Subreniform
- 열매가 익으면 땅으로 떨어져 번식한다. Barochory

분포 및 자생지 Distribution and Habitats

- 한국, 대만, 러시아, 일본, 중국 Korea. Taiwan. Russia. Japan. China
- 방목지 또는 초지 Meadows or grasslands

16 이스라지(이,1966)

학   명 *Prunus japonica* var. *nakaii* (H.Lév.) Rehder, J. Arnold
         Arbor. 3: 29 1922

학명이명 *Prunus nakaii* H. Lév. in Repert. Spec. Nov. Regni Veg.
         7(143–145): 198. 1909.

국명이명 산앵도(정, 1937), 이스라지나무(정, 1942), 산앵도나무(정, 1942),
         유수라지나무(정, 1942), 오얏(정, 1942), 물앵두(박, 1949)

생태특성 Habit

- 잎이 지는 넓은잎 작은키나무 Deciduous broad-leaved shrub
- 꽃은 연한 분홍색으로 3~4월에 2~4 송이씩 피어서 우산모양꽃차례를 이룬다.
  Flower colour: Pale pink, Flowering: March~April, Inflorescence: 2~4 flowered (Umbel)
- 열매는 공 모양의 핵과로 5~6월에 붉은색으로 익는다. Fruiting: May~June (Red), Drupe: Globose
- 동물이 열매를 먹고 씨앗을 배설하여 번식한다. Endozoochory

분포 및 자생지 Distribution and Habitats

- 한국, 중국 Korea, China
- 양지바른 경사지 또는 숲 가장자리의 관목림 Sunny slopes or scrubs at forest margins

장미과 Rosaceae

⑰ 찔레꽃(이, 1966)

학　　명 *Rosa multiflora* Thunb. in Syst. Veg. (ed. 14) 474. 1784.

학명이명 *Rosa multiflora* var. *platyphylla* Thory, Roses 2: 69, t. 69 1821.
Rosa thunbergii. Tratt., Rosac. Monogr. 1: 86 1823.

국명이명 찔레나무(정, 1937), 가시나무(정, 1942), 설널네나무(정, 1942),
새버나무(정, 1942), 질누나무(정, 1942), 질꾸나무(정, 1942),
찔레꽃(이, 1966), 들장미(안, 1982)

생태특성 Habit

- 잎이 지는 넓은잎 작은키나무 Deciduous broad-leaved shrub
- 꽃은 흰색이고 5월에 원뿔꽃차례에 여러 송이씩 핀다.
  Flower colour: White, Flowering: May, Inflorescence:
  Many flowered(panicle)
- 열매는 공모양의 수과로 10월에 익는다.
  Fruiting: October, Achene: Globose
- 동물이 열매를 먹고 씨앗을 배설하여 번식한다.
  Endozoochory

분포 및 자생지 Distribution and Habitats

- 한국, 일본, 중국 Korea, Japan, China
- 숲 가장자리나 양지바른 초지 또는 관목림
  Forest margins, grasslands or Shrubs

⑱ 멍석딸기(정, 1937)

학 명	*Rubus parvifolius* L. in Sp. Pl. 2: 1197. 1753.

학 **명** *Rubus parvifolius* L. in Sp. Pl. 2: 1197. 1753.

학명이명 *Rubus triphyllus* Thunb., Fl. Jap. (Thunberg) 215 1784.

Rubus triphyllus var. *concolor* Koidz., Bot. Mag. (Tokyo) 23: 178 1909.

국명이명 번둥딸나무(정, 1942), 멍두딸(정, 1942), 수리딸나무(정, 1942), 멍딸기(정, 1942), 덤풀딸기(정, 1942), 사수딸기(정, 1942), 멍석딸(박, 1949), 제주멍석딸(박, 1949)

생태특성 Habit

- 잎이 지는 넓은잎 작은키나무 Deciduous broad-leaved shrub
- 꽃은 연한 분홍색으로 4~5월에 편평꽃차례 또는 총상꽃차례에 여러 송이씩 핀다. Flower colour: Pale pink, Flowering: April~May, Inflorescence: Many flowered (Corymb or rarely short raceme)
- 열매는 달걀형태의 공모양 취과로 5~6월에 익는다. Fruiting: May~June, Aggregate fruit: Ovoid globoseness
- 열매를 동물이 먹고 씨앗을 배설하여 번식한다. Endozoochory

분포 및 자생지 Distribution and Habitats

- 한국(전도), 만주, 베트남, 일본, 인도, 중국 Korea (All provinces), Manchuria, Vietnam, Japan, India, China
- 숲 가장자리나 양지바른 초지, 길가 또는 덤불 Forest margins, sunny grasslands roadsides or thickets

장미과 Rosaceae

⑲ 줄딸기(정, 1942)

학　　명 *Rubus pungens* Cambess., Voy. Inde 4: 48 1844.

학명이명 *Rubus oldhamii* Miq., Ann. Mus. Bot. Lugduno-Batavi 3: 34 1867.
Rubus pungens var. *oldhamii* (Miq.) Maxim., Mélanges Biol. Bull.
Phys.-Math. Acad. Imp. Sci. SaintPétersbourg 8: 386 1872.

국명이명 덩굴딸기(정, 1937), 곰의딸(정, 1942), 동꿀딸기(정, 1942), 덤불딸기(정,
1942), 애기오엽딸기(안, 1982)

생태특성 Habit

- 잎이 지는 넓은잎 덩굴 Deciduous broad-leaved vine
- 꽃은 연한 분홍색이고 4~5월에 가지 끝에서 한 송이씩 핀다. Flower colour: Pale pink. Flowering: April~May, Inflorescence: Solitary
- 열매는 공모양의 취과로 7~8월에 익는다. Fruiting: July~August, Aggregate fruit: Globose
- 열매를 동물이 먹고 씨앗을 배설하여 번식한다. Endozoochory

분포 및 자생지 Distribution and Habitats

- 한국, 일본, 중국 Korea, Japan, China
- 숲 가장자리나 양지바른 초지, 길가 또는 덤불 Forest margins, grasslands roadsides or thickets

장미과 Rosaceae

⑳ 오이풀(정, 1937)

학　　명　*Sanguisorba officinalis* L. in Sp. Pl. 1: 116. 1753.

학명이명　*Sanguisorba carnea* Fisch., Enum. Hort. Berol. Alt. 1: 144 1822.
Sanguisorba officinalis var. *carnea* (Fisch. ex Link) Regel ex
Maxim., Mélanges Biol. Bull. Phys.-Math. Acad.
Imp. Sci. Saint-Pétersbourg 9: 154 1877.

국명이명　수박풀(정, 1937), 외순나물(정, 1949), 지유(정, 1949), 지우초(박, 1949)

생태특성 Habit

- 여러해살이풀 Perennial herb
- 꽃은 붉은색으로 7~8월에 이삭꽃차례에서 여러 송이씩 핀다. Flower colour: Red, Flowering: July~August, Inflorescence: Many flowered (Spike)
- 열매는 4개의 골이 있는 수과로 9월에 익는다. Fruiting: September, Achene: 4-ribbed
- 열매가 땅으로 떨어져 번식한다. Barochory

분포 및 자생지 Distribution and Habitats

- 한국, 만주, 몽골, 시베리아, 아무르, 우수리, 유럽, 일본, 중국, 중앙아시아, 캄차카 Korea, Manchuria, Mongolia, Siberia, Amur, Ussuri, Europe, Japan, China, Central Asia, Kamchatka
- 숲 가장자리나 초지 또는 덤불 Forest margins, grasslands or thickets

장미과 Rosaceae

㉑ 국수나무(정, 1937)

학   명 *Stephanandra incisa* (Thunb.) Zabel in Gart.-Zeitung (Berlin) 4(43): 510. 1885.

학명이명 *Spiraea incisa* Thunb. in Syst. Veg. (ed. 14) 472. 1784.

국명이명 고광나무(정, 1942), 뱁새더울(정, 1942), 거렁방이나무(정, 1942)

생태특성 Habit
- 잎이 지는 넓은잎 작은키나무 Deciduous broad-leaved shrub
- 꽃은 노란빛이 도는 흰색이고 6~7월에 원뿔모양꽃차례에 여러 송이씩 핀다.
  Flower colour: Yellowish white, Flowering: June~July, Inflorescence: Many flowered (Panicle)
- 열매는 거꿀달걀모양의 삭과로 9~10월에 익는다. Fruiting: September~October, Capsule: obovate
- 씨앗이 땅으로 떨어져 번식한다. Barochory

분포 및 자생지 Distribution and Habitats
- 한국, 일본, 중국 Korea, Japan, China
- 산지의 경사진 곳 Mountain slopes

㉒ 자주개황기(정, 1970)

학　　명	*Astragalus laxmannii* Jacq., Hort. Bot. Vindob. 3: 22, t. 37. 1776.
학명이명	*Astragalus adsurgens* Pall., Sp. Astragal. P. 40. 1800.
국명이명	자주땅비수리(박, 1949), 탐나황기(이, 1969), 털황기(박, 1974)

생태특성 Habit

- 여러해살이풀 Perennial herb
- 꽃은 자주색이고 7~8월에 총상꽃차례에 8~15 송이씩 핀다. Flower colour: Purple, Flowering: July~August, Inflorescence: Many flowered(Raceme)
- 열매는 긴 타원모양의 꼬투리로 8월에 익는다. Fruiting: August, Legume: Oblong
- 열매가 익으면 2개로 벌어져 씨앗이 땅으로 떨어진다. Barochory

분포 및 자생지 Distribution and Habitats

- 한국(제주도, 함경북도), 동시베리아, 몽골, 일본, 중국 Korea (Jeju-do, Hamgyeongbuk-do), E Siberia, Mongolia, Japan, China
- 양지바른 초지 Sunny grassland

여우팥(정, 1949)

학   명 *Dunbaria villosa* (Thunb.) Makino in Bot. Mag. (Tokyo)
        16(180): 35. 1902

학명이명 *Glycine villosa* Thunb., Fl. Jap. (Thunberg) 283 1784.
        Atylosia subrhombea Miq., Ann. Mus. Bot. Lugduno-
        Batavi 3: 51 1867.

국명이명 새콩(박, 1949), 새돔부(박, 1949), 여호팥(정, 1956), 돌팥
        (박, 1974)

생태특성 Habit

- 덩굴성 여러해살이풀 Perennial vine
- 꽃은 황색이고 7~8월에 피고 마디에 1개씩 달린다.
  Flower colour: Yellow, Flowering: July~August, Inflorescence: Solitary
- 열매는 편평한 선형의 꼬투리의 협과이다. Legume : Flat
- 열매가 익으면 터지면서 씨앗이 밖으로 튕겨 나온다. Autochory

분포 및 자생지 Distribution and Habitats

- 한국(경상남도, 전라남도, 전라북도, 제주도), 일본, 중국 Korea (Gyoengsangnam-do, Jeollanam-do, Jeollabuk-do, Jeju-do), Japan, China
- 숲 가장자리, 덤불, 양지바른 초지나 경사진 암석지 Forest margins, thickets, sunny grassladns or rocky places on slopes

콩과 Fabaceae

㉔ 낭아초(정, 1958)

학   명 *Indigofera pseudotinctoria* Matsum. in Bot. Mag. (Tokyo) 16: 62. 1902.

생태특성 Habit

- 잎이 지는 작은키나무 Deciduous shrub
- 꽃은 연한홍색으로 7~8월에 총상꽃차례 원줄기 끝에 달린다. Flower colour: Pale red, Flowering: July~August, Inflorescence: (Raceme)
- 열매는 타원모양으로 협과이며 검은색으로 9~10월에 익는다. Fruiting: September~October, Legume : oval
- 열매가 익으면 터지면서 씨앗이 밖으로 튕겨 나온다. Autochory

분포 및 자생지 Distribution and Habitats

- 한국(경상남도-부산, 전라북도, 제주도), 일본, 중국 Korea (Gyeongsangnam-do-Busan, Jeollabuk-do, Jeju-do), Japan, China
- 저지대의 초지 또는 바닷가 근처의 공터 Grasslands of lowland or open spaces near the sea

㉕ 싸리(정, 1937)

학 명		*Lespedeza bicolor* Turcz.in Bull. Soc. Imp. Naturalistes Moscou 13(1): 69. 1840.
학명이명		*Lespedeza bicolor* var. *sericea* Nakai, Lespedeza Japan & Korea 66 1927.
		Lespedeza setiloba Nakai, Lespedeza Japan & Korea 68 1927.
국명이명		싸리나무(정, 1942), 좀풀싸리(정, 1942), 좀싸리(정, 1942), 애기싸리(박, 1949), 좀산싸리(안, 1982)

생태특성 Habit

- 잎지는 넓은잎 작은키나무 Deciduous broad-leaved shrub
- 꽃은 붉은 빛이 도는 자주색이고 7~8월에 잎겨드랑이 또는 가지 끝에서 나온 총상꽃차례에 여러 송이씩 핀다. Flower colour: Redish purple, Flowering: July~August, Inflorescence: Many flowered (Raceme)
- 열매는 넓은 타원모양의 꼬투리로 10월에 익는다. Fruiting: October, Legume: Broadly oval
- 열매가 익으면 두 개로 벌어져서 씨앗이 땅으로 떨어진다. Barochory

분포 및 자생지 Distribution and Habitats

- 한국, 러시아, 몽골, 일본, 중국 Korea, Russia, Mongolia, Japan, China
- 산지의 사면, 숲 가장자리의 덤불 또는 길가 주변 Mountain slopes, thickets in forest margins, roadsides

(26) 비수리(정, 1937)

학   명 *Lespedeza cuneata* (Dum. Cours.) G. don in Gen. Hist. 2: 307.
1832.

학명이명 *Anthyllis cuneata* Dum. Cours. in Bot. Cult. 6: 100–101. 1811.

국명이명 공겡이대(박, 1949)

생태특성 Habit

- 여러해살이풀 Perennial herb
- 꽃은 흰색이고 8~9월에 잎겨드랑에 나온 총상꽃차례에서 2~4 송이씩 핀다.
  Flower colour: White, Flowering: August~September, Inflorescence: 2~4 flowered (Raceme)
- 열매는 넓은 달걀모양의 꼬투리로 10월에 익는다. Fruiting: October, Legume: Broadly ovoid
- 열매가 익으면 두 개로 벌어져서 씨앗이 땅으로 떨어진다. Barochory

분포 및 자생지 Distribution and Habitats

- 한국, 대만, 말레이시아, 부탄, 북아메리카, 아프가니스탄, 오스트레일리아, 인도, 인도네시아, 일본, 중국, 태국 Korea, Taiwan, Malaysia, Bhutan, N America, Afghanistan, Australia, India, Indonesia, Japan, China, Thailand
- 양지바른 초지나 길가 주변 Sunny grasslands or roadsides

콩과 Fabaceae

㉗ 괭이싸리(정, 1949)

학　　명　*Lespedeza pilosa* (Thunb.) Siebold & Zucc., Abh. Math.-Phys.
　　　　　Cl. Königl. Bayer. Akad. Wiss. 4: 121. 1845.

학명이명　*Hedysarum pilosum* Thunb. in 288–289. Fl. Jap. 1784.

국명이명　털풀싸리(박, 1949)

생태특성 Habit

- 여러해살이풀 Perennial herb
- 꽃은 흰색이고 8~9월에 잎겨드랑에 나온 총상꽃차례에서 3~5 송이씩 핀다. Flower colour: White, Flowering: August~September. Inflorescence: 3~5 flowered(Raceme)
- 열매는 넓은 달걀모양의 꼬투리로 9~10월에 익는다. Fruiting: September~October, Legume: Broadly ovoid
- 열매가 익으면 두 개로 벌어져서 씨앗이 땅으로 떨어진다. Barochory

분포 및 자생지 Distribution and Habitats

- 한국, 일본, 중국 Korea, Japan, China
- 양지바른 초지 Sunny grassland

㉘ 벌노랑이(정, 1937)

학   명   *Lotus corniculatus* var. *japonica* Regel in Index Seminum(St. Petersburg) 23. 1864.

국명이명   노랑들콩(박, 1949), 노랑돌콩(박, 1974), 털벌노랑이(안, 1982), 잔털벌노랑이(안, 1982)

생태특성 Habit

- 여러해살이풀 Perennial herb
- 꽃은 노란색이고 6~8월에 잎겨드랑이에서 나온 우산모양꽃차례에서 1~3 송이씩 핀다.
  Flower colour: Yellow, Flowering: June~August, Inflorescence: 1~3 flowered (Umbel)
- 열매는 넓은 달걀모양의 꼬투리로 9~10월에 익는다. Fruiting: September~October, Legume: Broad-ovoid
- 열매가 익으면 씨앗이 밖으로 튕겨져 나온다. Autochory

분포 및 자생지 Distribution and Habitats

- 한국(경기도 이남), 네팔, 인도, 일본, 중국, 대만 Korea(S. Geyonggi-do), India, Japan, China, Taiwan
- 양지바른 초지 Sunny grassland

(29)

노랑개자리(정, 1949)

학 명	*Medicago ruthenica* (L.) Ledeb., Fl. Ross. (Ledeb.) 1: 523 1842.
학명이명	*Pocockia ruthenia* var. *inschanica* H.C. Fu & Y.Q. Jiang in Fl. Intramongol. 3: 287. pl. 75. 1977.
국명이명	노랑꽃개자리(박, 1949)

생태특성 Habit

- 여러해살이풀 Perennial herb
- 꽃은 연갈색을 띠는 노란색이고 6~9월에 잎겨드랑이에서 나온 총상꽃차례에서 1~3 송이씩 핀다.
  Flower colour: Pale brown, Flowering: June~September, Inflorescence: 1~3 flowered (Raceme)
- 열매는 긴 타원모양의 꼬투리로 8~10월에 익는다. Fruiting: August~October, Legume: Oblong
- 열매가 익으면 두 개로 벌어져서 씨앗이 땅으로 떨어진다. Barochory

분포 및 자생지 Distribution and Habitats

- 한국(제주도, 함경북도), 러시아, 몽골, 중국 Korea(Jeju-do, Hamgyeongbuk-do), Russia, Mongolia, China
- 양지바른 초지 Sunny grassland

㉚ 여우콩(정, 1949)

학   명 *Rhynchosia volubilis* Lour. in Fl. Cochinch. 2: 460. 1790.
국명이명 녹각(박, 1949) 개녹각(안, 1982)

생태특성 Habit

- 덩굴성 여러해살이풀 Perennial vine
- 꽃은 황색으로 8~9월에 총상꽃차례에 10~20개 달린다.
  Flower colour: Yellow, Flowering: August~September,
  Inflorescence: Many flowered (Raceme)
- 열매는 편평한 타원형의 꼬투리의 수과이다. Capsule: Flat oval
- 열매가 익으면 터지면서 씨앗이 밖으로 튕겨 나온다. Autochory

분포 및 자생지 Distribution and Habitats

- 한국(황해이남), 대만, 일본, 중국, 필리핀
  Korea(South of Hwanghea-do), Taiwan, Japan, China, Philippines
- 양지바른 초지 Sunny grassland

콩과 Fabaceae

(31) ─────────

고삼(정, 1937)

학　　명　*Sophora flavescens* Aiton in Hort. Kew. 2: 43. 1789.

학명이명　*Sophora macrosperma* DC., Prodr. (DC.) 2: 96 1825.
　　　　　Sophora angustifolia Siebold & Zucc., Abh. Math.-Phys. Cl.
　　　　　Königl. Bayer. Akad. Wiss. 4: 118 1845.

국명이명　도둑놈의지팡이(정, 1937), 너삼(박, 1949), 뱀의정자나무(정, 1956),
　　　　　느삼(박, 1974)

생태특성 Habit

- 여러해살이풀 Perennial herb
- 꽃은 노란색이고 6~8월에 연한 총상꽃차례에서 여러 송이씩 핀다.
  Flower colour: Yellow, Flowering: June~August, Inflorescence: Many flowered
  (Raceme)
- 열매는 긴 타원모양의 꼬투리로 8~9월에 익는다.
  Fruiting: August~September, Legume: Oblong
- 열매가 익어도 벌어지지 않고 땅으로 떨어진다. Barochory

분포 및 자생지 Distribution and Habitats

- 한국, 대만, 러시아, 인도, 일본, 중국 Korea, Taiwan, Russia, India, Japan, China
- 덤불 또는 언덕의 경사진 곳 Scrub or hill slopes

살갈퀴(이, 1969)

| 학 명 | *Vicia angustifolia* var. *segetilis* (Thuill.) K.Koch. in Syn. Fl. Germ. Helv. 197. 1835. |

학　　명　*Vicia angustifolia* var. *segetilis* (Thuill.) K.Koch. in Syn. Fl. Germ. Helv. 197. 1835.

학명이명　*Vicia segetalis* Thuill. in Fl. Env. Paris 367. 1800.

국명이명　가는살갈퀴(정, 1949), 가는갈퀴나물(정, 1937), 산갈퀴(박, 1974), 좀산갈퀴(박, 1974)

생태특성 Habit

- 두해살이풀 Biennial
- 꽃은 붉은빛 도는 자주색 5월에 잎겨드랑이에서 1~2 송이씩 핀다.
  Flower colour: Reddish purple, Flowering: May, Inflorescence: 1~2 flowered
- 열매는 납작한 꼬투리로 5~6월에 익는다. Fruiting: May~June, Legume: Flat
- 열매가 익으면 터지면서 씨앗이 밖으로 튕겨 나와 번식한다. Autochory

분포 및 자생지 Distribution and Habitats

- 한국(중부이남), 유라시아의 온대 Korea(South of Center), Temperate Eurasia
- 양지바른 초지 또는 길가 Sunny grasslands or roadsides

콩과 Fabaceae

나비나물(정, 1937)

| 학 명 | *Vicia unijuga* A. Braun in Index Sem. (Berlin) 1853: 22. 1853. |

학　　명 *Vicia unijuga* A. Braun in Index Sem. (Berlin) 1853: 22. 1853.

학명이명 *Vicia unijuga* for. *minor* Nakai, Bot. Mag. (Tokyo) 37: 16 1923.
Vicia unijuga subsp. *minor* (Nakai) Y.N.Lee, Fl. Korea (Lee) 390 1996.

국명이명 큰나비나물(정, 1949), 꽃나비나물(정, 1949), 봉올나비나물(박, 1949), 참나비나물(안, 1982)

생태특성 Habit

- 여러해살이풀 Perennial herb
- 꽃은 연한 자주색이고 6~8월에 잎겨드랑이에서 나온 총상꽃 차례에 여러 송이씩 핀다. Flower colour: Pale Purple, Flowering: June~August, Inflorescence: Many flowered (Raceme)
- 열매는 긴 타원모양의 꼬투리로 7~10월에 익는다. Fruiting: July~October, Legume: Oblong
- 열매가 익으면 씨앗이 밖으로 튕겨져 나온다. Autochory

분포 및 자생지 Distribution and Habitats

- 한국, 러시아, 일본, 중국 Korea, Russia, Mongolia, Japan, China
- 숲 가장자리, 덤불, 양지바른 초지나 경사진 암석지 Forest margins, thickets, sunny grassladns or rocky places on slopes

콩과 Fabaceae

(34)

돌동부(이, 1966)

학 명 *Vigna vexillata* var. *tsusimensis* Matsum. in Bot. Mag. (Tokyo) 16(183): 93. 1902.

국명이명 새콩(박, 1949), 새돔부(박, 1949), 여호팥(정, 1956), 돌팥(박, 1974)

생태특성 Habit

- 여러해살이풀 Perennial herb
- 꽃은 연한 자주색이고 8~9월에 잎겨드랑이에서 나온 우산모양꽃차례에서 2~4 송이씩 핀다.
  Flower colour: Pale purple, Flowering: August~September, Inflorescence: 2~4 flowered (Umbel)
- 열매는 긴 원통모양의 꼬투리로 9~10월에 익는다.
  Fruiting: September~October, Legume: cylindrical
- 열매가 익으면 씨앗이 밖으로 튕겨져 나온다. Autochory

분포 및 자생지 Distribution and Habitats

- 한국(제주도, 경상남도, 전라남도), 대만, 일본, 중국 Korea(Jeju-do, Gyeongsangnam-do, Jeollanam-do), Taiwan, Japan, China
- 덤불 또는 숲 속의 양지바른 곳 Thickets or open spaces in forests

쥐손이풀과 Geraniaceae

㉟
쥐손이풀(정, 1937)

학　　명　*Geranium sibiricum* L. in Sl. Pl. 2: 683. 1753.

학명이명　*Geranium acrocarphum* Ledeb., Fl. Ross. (Ledeb.) 1: 471. 1842.
　　　　　Geranium sibiricum for. *glabrius* H.Hara, J. Jap. Bot. 22: 171.
　　　　　1948.

생태특성 Habit

- 여러해살이풀 Perennial herb
- 꽃은 연한 자주색이고 6~8월에 잎겨드랑이에서 한 송이 또는 두 송이씩 핀다.
  Flower colour: Pale purple, Flowering: June~August, Inflorescence: 1(or 2) flowered
- 열매는 긴 원통모양의 삭과로 7~8월에 익는다. Fruiting: July~August, Capsule: Long cylindrical
- 열매가 익으면 씨앗이 밖으로 튕겨져 나온다. Autochory

분포 및 자생지 Distribution and Habitats

- 한국, 러시아, 몽골, 북아메리카, 시베리아, 일본, 유럽, 중국, 중앙아시아, 코카사스
  Korea , Mongolia, N America, Siberia, Japan, Europe, China, Central Asia, Caucasus
- 숲 가장자리, 관목림 또는 목초지 Forest margins, scrub or meadows

취손이풀과 Geraniaceae

(36)

이질풀(정, 1937)

학 명 *Geranium thunbergii* Siebold & Zucc. in Paxt. Fl. Gard. 1(12): 186, f. 115. 1851.

국명이명 *Geranium nepalense* for. *japoinca* Maxim., Bull. Acad. Imp. Sci. Saint-Pétersbourg 26: 454. 1880.
Geranium nepalense var. *thunbergii* (Siebold ex Lindl. & Paxton) Kudô, Medic. Pl. Hokk. 1: 55. 1922.

국명이명 취손이풀(정, 1937), 개발초(박, 1949), 거십초(박, 1949), 붉은이질풀(이, 1969), 민들이질풀(안, 1982), 분홍이질풀(안, 1982)

생태특성 **Habit**

- 여러해살이풀 Perennial herb
- 꽃은 자주색이 도는 붉은색이고 6~8월에 가지 끝에서 한 송이씩 핀다. Flower colour: Purplish red, Flowering: June~August, Inflorescence: Solitary
- 열매는 긴 타원모양의 삭과로 7~8월에 익는다. Fruiting: July~August, Capsule: Oblong
- 열매가 익으면 터지면서 씨앗이 밖으로 튕겨 나와 번식한다. Autochory

분포 및 자생지 **Distribution and Habitats**

- 한국(황해이남), 대만 러시아, 일본, 중국 Korea (South of Hwanghea-do), Taiwan, Russia, Japan, China
- 길가 주변 또는 목초지 Roadsides or meadows

 37

등대풀(정, 1937)

학 명	*Euphorbia helioscopia* L. in Sp. Pl. 1: 459. 1753.
학명이명	*Tithymalus helioscopius* (L.) Hill, Hort. Kew. (Hill) 172: 3. 1768. *Galarhoeus helioscopius* (L.) Haw., Syn. Pl. Succ. 152. 1812.
국명이명	등대대극(박, 1974), 등대초(박, 1974)

생태특성 Habit

- 두해살이풀 Biennial
- 꽃은 연한 초록색이고 4~5월에 등잔모양꽃차례에서 5 송이씩 핀다. Flower colour: Pale green, Flowering: April~May, Inflorescence: 5 flowered(Cyathium)
- 열매는 삼각기둥과 같은 모양의 삭과로 5~6월에 익는다. Fruiting: May~June, Capsule: Triangular column
- 열매가 익으면 터지면서 씨앗이 밖으로 튕겨 나와 번식한다. Autochory

분포 및 자생지 Distribution and Habitats

- 한국(경기도, 강원이남), 대만, 북아프리카, 시베리아, 일본, 인도, 유럽, 중앙아시아, 중국 Korea(Gyeonggi-do, South of Gangwon-do), Taiwan, N Africa, Siberia, Japan, India, Europe, Central Asia, China
- 들판이나 길가 주변 Fields or roadsides

대극과 Euphorbiaceae

㊳ 여우구슬(정, 1937)

학 명 *Phyllanthus urinaria* L. Sp. Pl. 2: 982. 1753.

학명이명 *Phyllanthus lepidocarpus* Siebold & Zucc., Abh. Math.-Phys. Cl. Königl. Bayer. Akad. Wiss. 4: 143. 1845.
Phyllanthus hookeri Müll.Arg., Linnaea 32: 19. 1863.

생태특성 Habit

- 한해살이풀 Annul herb
- 꽃은 붉은색을 띤 갈색이고 7~8월에 가지에서 암꽃은 1 송이씩 수꽃은 4 송이씩 핀다.
  Flower colour: Reddish brown, Flowering: July~August, Inflorescence: Female-solitary Male-4 flowered
- 열매는 둥글고 납작한 모양의 삭과로 9~10월에 익는다.
  Fruiting: September~October, Capsule: Globose
- 열매가 익으면 터지면서 씨앗이 밖으로 튕겨 나와 번식한다.
  Autochory

분포 및 자생지 Distribution and Habitats

- 한국(남부지역), 네팔, 남아메리카, 대만, 동남아시아, 라오스, 말레이시아, 부탄, 베트남, 스리랑카, 일본, 인도, 인도네시아, 중국, 태국 Korea (South part), Nepal, South America, Taiwan, SE Asia, Laos, Malaysia, Bhutan, Vietnam, Sri Lanka, Japan, India, Indonesia, China, Thailand
- 건조한 초지, 길가 주변이나 숲 가장자리 Moist grassland, roadsides or forest margins

원지과 Polygalaceae

(39) 애기풀(정, 1949)

학 명 *Polygala japonica* Houtt. in Nat. Hist. 2(10): 89, t. 62, f. 1. 1779.

학명이명 *Polygala lourerii* Gardner & Champ., Hooker's J. Bot. Kew Gard. Misc. 1: 242. 1849.
Polygala sibirica var. *japonica* (Houtt.) Ito, J. Coll. Sci. Imp. Univ. Tokyo 12: 311. 1899.

국명이명 영신초(정, 1937), 아기풀(정, 1937)

생태특성 Habit

- 여러해살이풀 Perennial herb
- 꽃은 연한 붉은색이고 4~5월에 총상꽃차례에서 여러 송이씩 핀다. Flower colour: Pale red, Flowering: April~May, Inflorescence: Many flowered(Raceme)
- 열매는 편평한 원모양의 삭과로 9월에 익는다. Fruiting: September, Capsule: Flat circle
- 씨앗이 바람에 날려 이동한다. Anemochory

분포 및 자생지 Distribution and Habitats

- 한국, 뉴기니, 대만, 러시아, 말레이시아, 미얀마, 인도 북동부, 베트남 북부, 스리랑카, 일본, 인도차이나, 중국, 필리핀 Korea, New Guinea, Taiwan, Russia, Malaysia, Myanmar, NE India, N Vietnam, Sri Lanka, Japan, Indochina, China, Philippines
- 언덕의 경사진 초지 Grassy areas on slopes of hills

물봉선(정, 1937)

학 명 *Impatiens textorii* Miq. in Ann. Mus. Bot. Lugduno-Batavi 2: 76. 1865.

국명이명 물봉숭(안, 1982)

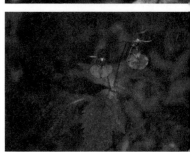

생태특성 Habit

- 한해살이풀 Annual herb
- 꽃은 자주빛이 도는 붉은색이고 8~9월에 총상꽃차례에 4~10 송이씩 핀다.
  Flower colour: Purplish red, Flowering: August~September, Inflorescence: 4~10 flowered (Raceme)
- 열매는 타원모양 삭과로 9월에 익는다. Fruiting: September, Capsule: Oval
- 열매가 익으면 터지면서 씨앗이 밖으로 튕겨 나와 번식한다. Autochory

분포 및 자생지 Distribution and Habitats

- 한국, 러시아, 일본, 중국 Korea, Russia, Japan, China
- 숲 가장자리나 길가의 도랑 근처 Near the canal in forest margins or roadsides

41

팥꽃나무과 Thymelaeaceae

피뿌리풀(정, 1937)

학   명 *Stellera chamaejasme* L. in Sp. Pl. 1: 559. 1753.

학명이명 *Passerina stelleri* Wikstr., Kongl. Vetensk. Acad. Handl. 321. 1818.
    Stellera rosea Nakai, Bot. Mag. (Tokyo) 33: 147. 1920.

국명이명 서홍닥나무(박, 1949), 처녀풀(정, 1949), 피뿌리풀(이, 1969)

생태특성 Habit

- 여러해살이풀 Perennial herb
- 꽃은 붉은 빛이 도는 보라색이고 5월에 머리모양꽃차례에 여러 송이씩 핀다.
  Flower colour: Redish pupple. Flowering: May. Inflorescence: Many flowered (Capitulum)
- 열매는 공 모양의 핵과로 6월에 붉게 익는다. Fruiting: June, Drupe: Globose
- 열매가 땅으로 떨어져 번식한다. Barochory

분포 및 자생지 Distribution and Habitats

- 한국(함경북도, 평안북도, 제주도), 네팔, 대만, 러시아, 부탄, 중국, 중앙아시아
  Korea (Hamgyeongbuk-do, Pyeonganbuk-do, Jeju-do), Nepal, Taiwan, Russia, Bhutan,
  China, Central Asia
- 양지바른 초지 Sunny grassland

콩제비꽃(정, 1949)

학 명	*Viola arcuata* Blume in Bijdr. Fl. Ned. Ind. 2: 58. 1825.
학명이명	*Viola verecunda* A.Gray, Mem. Amer. Acad. Arts n.s. 6: 382 1858.
	Viola excisa Hance, J. Bot. 6: 296 1868.
국명이명	콩오랑캐(정, 1937), 조개나물(박, 1949), 조갑지나물(정, 1956), 좀턱제비 꽃(정, 1970)

생태특성 Habit

- 여러해살이풀 Perennial herb
- 꽃은 흰색이고 4~6월에 꽃자루 끝에서 한 송이씩 핀다. Flower colour: White, Flowering: April~June, Inflorescence: Solitary
- 열매는 타원모양의 삭과로 6~10월에 익는다. Fruiting: June~October, Capsule: oval
- 열매가 익으면 터지면서 씨앗이 밖으로 튕겨 나와 번식한다. Autochory

분포 및 자생지 Distribution and Habitats

- 한국(전국), 네팔, 러시아, 말레이시아, 몽골, 미얀마, 베트남, 부탄, 인도, 인도네시아, 일본, 중국, 대만, 태국, 파푸아뉴기니 Korea (All provinces), Nepal, Russia, Malaysia, Mongolia, Myanmar, Vietnam, Bhutan, India, Indonesia, Japan, China, Taiwan, Thailand, Papua New Guinea
- 습한 초지나 습지 주변, 숲 가장자리 Moist and marshy place, forest margins

(43)

낚시제비꽃(이, 1969)

학   명 *Viola grypoceras* A. Gray in Narr. Exped.
Amer. Squadron China Seas Japan 2:
Append. 308. 1856.

학명이명 *Viola sylvestris* var. *grypoceras* (A.Gray)
Maxim., Bull. Acad. Imp. Sci. Saint-
Pétersbourg 23: 330 1877.
Viola leveillei H.Boissieu, Bull. Acad. Int.
Géogr. Bot. 11: 91 1902.

국명이명 낚시오랑캐(정, 1937), 낚시제비꽃(정, 1949),
낙시오랑캐(박, 1949)

생태특성 Habit

- 여러해살이풀 Perennial herb
- 꽃은 연한 자주색이고 3~5월에 가지 끝에 여러 송이씩 피어서 원뿔모양꽃차례처럼 보인다.
  Flower colour: Pale purple, Flowering: March-May, Inflorescence: Many flowered(like panicle)
- 열매는 타원모양의 삭과로 5~8월에 익는다. Fruiting: May~August, Capsule: oval
- 열매가 익으면 터지면서 씨앗이 밖으로 튕겨 나와 번식한다. Autochory

분포 및 자생지 Distribution and Habitats

- 한국(제주도, 경상남도, 전라남도, 충청남도), 일본, 중국 Korea (Jeju-do, Gyeongsangnam-do, Jeollanam-do, Chungcheongnam-do), Japan, China
- 숲 속이나 초지 In forests or grasslands

44

왜제비꽃(정, 1949)

학 명	*Viola japonica* Langsd. ex DC. in Prodr. 1: 295. 1824.
학명이명	*Viola meta-japonica* Nakai, Bull. Soc. Bot. France 72: 192 1925.
	Viola japonica Langsd. ex DC. var. *variegata* Hatus., Exp.
	Forest. Kyushu Imp. Univ. 5: 132 1934.
국명이명	왜오랑캐(박, 1949), 알록오랑캐(박, 1949), 주걱오랑캐(박, 1949),
	좀제비꽃(박, 1974), 얼룩왜제비꽃(안, 1982)

생태특성 Habit

- 여러해살이풀 Perennial herb
- 꽃은 자주색이고 4~5월에 꽃자루 끝에서 한 송이씩 핀다. Flower colour: Purple, Flowering: April~May, Inflorescence: Solitary
- 열매는 타원모양의 삭과로 5~10월에 익는다. Fruiting: May~October, Capsule: oval
- 열매가 익으면 터지면서 씨앗이 밖으로 튕겨 나와 번식한다. Autochory

분포 및 자생지 Distribution and Habitats

- 한국(중부이남), 일본, 중국 Korea(South of Center), Japan, China
- 저지대의 양지바르거나 조금 그늘진 곳 Sunny or half shaded places in lowlands

제비꽃과 Violaceae

⑤

제비꽃(정, 1937)

학　　명 *Viola mandshurica* W. Becker in Bot. Jahrb. Syst.5 4(5, Beibl. 120): 179–180. 1917.

학명이명 *Viola patrinii* var. *macrantha* Maxim., Mém. Acad. Imp. Sci. St.-Pétersbourg, Divers Savans 9: 48 1859.
Viola chinensis (G.Don) Nakai, J. Coll. Sci. Imp. Univ. Tokyo 31: 446 1911.

국명이명 오랑캐꽃(정, 1937), 장수꽃(정, 1937), 씨름꽃(정, 1937), 민오랑캐꽃(박, 1949), 병아리꽃(정, 1957), 외나물(정, 1957), 옥녀제비꽃(이, 1969), 앉은뱅이꽃(박, 1974), 가락지꽃(박, 1974), 참제비꽃(안, 1982), 참털제비꽃(안, 1982), 큰제비꽃(안, 1982)

생태특성 Habit

- 여러해살이풀 Perennial herb
- 꽃은 자주색이고 3~5월에 꽃자루 끝에서 하나씩 핀다. Flower colour: Purple, Flowering: March~May, Inflorescence: Solitary
- 열매는 긴 타원모양의 삭과로 5~9월에 익는다. Fruiting: May~September, Capsule: Oblong
- 열매가 익으면 터지면서 씨앗이 밖으로 튕겨 나와 번식한다. Autochory

분포 및 자생지 Distribution and Habitats

- 한국, 대만, 러시아, 일본, 중국 Korea, Taiwan, Russia, Japan, China
- 초지 또는 숲 가장자리 Grasslands or forest margins

46

구릿대(정, 1937)

학 명 *Angelica dahurica* (Fisch.) Benth. & Hook. f. in Enum.
Pl. Jap. 1(1): 187. 1873.

학명이명 *Callisace dahurica* Fisch. in Gen. Pl. Umbell. (ed. 2)
170, f. 18. 1816.

국명이명 구리때(박, 1949), 백지(정, 1956)

생태특성 Habit

- 두해살이풀 Biennial herb
- 꽃은 흰색이고 6~8월에 작은꽃자루에 20~40 송이씩 피어서 겹우산모양꽃차례를 이룬다. Flower colour: White. Flowering: June~August, Inflorescence: 20~40 flowered (Compound umbel)
- 열매는 타원 모양의 분과로 8~9월에 익는다.
  Fruiting: August~September, Mericarp: Oval
- 열매가 땅으로 떨어져 번식한다. Barochory

분포 및 자생지 Distribution and Habitats

- 한국, 러시아, 일본, 중국 Korea, Russia, Japan, China
- 숲 가장자리나 물이 흐르는 주변 Forest margins or streamsides

㊼ 개시호(정, 1949)

학　　명 *Bupleurum longiradiatum* Turcz. in Bull. Soc. Imp.
Naturalistes Moscou 17: 719. 1844.

학명이명 *Bupleurum leveillei* H.Boissieu, Bull. Soc. Bot. France 57:
413. 1910.

Bupleurum longiradiatum var. *leveillei* (H.Boissieu) Kitag.,
Bull. Natl. Sci. Mus., Tokyo 5: 11. 1960.

국명이명 큰시호(정, 1937)

생태특성 Habit

- 여러해살이풀 Perennial herb
- 꽃은 노란색이고 7~8월에 겹우산모양꽃차례에서 10~15 송이씩 핀다. Flower colour: Yellow,
  Flowering: July~August, Inflorescence: 10~15 flowered (Compound umbel)
- 열매는 타원모양의 분과로 9~10월에 익는다. Fruiting: September~October, Mericarp: Oval
- 씨앗이 땅으로 떨어져 번식한다. Barochory

분포 및 자생지 Distribution and Habitats

- 한국, 러시아, 북동 아시아, 일본, 중국 Korea, Russia, NE Asia, Japan, China
- 숲 속이나 산지의 경사진 곳 Forests or mountain slope

앵초과 Primulaceae

까치수염(정, 1937)

학　　명　*Lysimachia barystachys* Bunge, Enum. Pl. China Bor.
　　　　　[A.A. von Bunge] 53 1833.
국명이명　큰까치수영(이, 1980)

생태특성 Habit

- 여러해살이풀 Perennial herb
- 꽃은 흰색이고 6~7월에 총상꽃차례에서 여러 송이씩 핀다. Flower colour: White, Flowering: June~July, Inflorescence: Many flowered(Raceme)
- 열매는 공모양의 삭과로 8~9월에 익는다. Fruiting: August~September, Capsule: Globose
- 씨앗이 땅으로 떨어져 번식한다. Barochory

분포 및 자생지 Distribution and Habitats

- 한국(전도), 러시아, 만주, 일본, 우수리, 중국 Korea (All provinces), Russia, Manchuria, Japan, Ussuri, China
- 초지 Grasslands

용담과 Gentianaceae

49

구슬붕이(정, 1949)

학 명	*Gentiana squarrosa* Ledeb. in Mém. Acad. Imp. Sci. St. Pétersbourg Hist. Acad. 5: 520. 1812.
학명이명	*Gentiana aquatica* L., Fl. Jap. (Thunberg) 115. 1784. *Varasia squarrosa* (Ledeb.) Soják, Cas Nár. Mus., Odd. Prír. 148: 202. 1979.
국명이명	구실붕이(정, 1937), 구실봉이(박, 1949), 민구슬봉이(안, 1982)

생태특성 Habit

- 두해살이풀 Biennial herb
- 꽃은 연한 자주색이고 5~6월에 가지 끝에 한 송이씩 핀다. Flower colour: Pale purple. Flowering: May~June, Inflorescence: Solitary
- 열매는 좁은 타원 모양의 삭과로 6~7월에 익는다. Fruiting: June~July, Capsule: Narrowly oval
- 씨앗이 땅으로 떨어져 번식한다. Barochory

분포 및 자생지 Distribution and Habitats

- 한국, 네팔, 러시아, 몽골, 인도, 일본, 중국, 카자흐스탄, 파키스탄 Korea, Nepal, Russia, Mongolia, India, Japan, China, Kazakhstan, Pakistan
- 숲 가장자리나 초지 Forest margins or grasslands

50

자주쓴풀(정, 1937)

학　　명　*Swertia pseudochinensis* H.Hara, J. Jap. Bot. 25: 89. 1950.

학명이명　*Frasera pseudochinensis* (H.Hara) Toyok., Symb. Asahikaw. 1: 156. 1965.

생태특성 Habit

- 두해살이풀 Biennial herb
- 꽃은 자주색이고 9~10월에 원뿔모양꽃차례에서 여러 송이씩 핀다. Flower colour: Purple. Flowering: September~October. Inflorescence: Many flowered (Panicle)
- 열매는 넓은 침모양의 삭과로 10월에 익는다. Fruiting: October. Capsule: Broadly lanceolate
- 씨앗이 땅으로 떨어져 번식한다. Barochory

분포 및 자생지 Distribution and Habitats

- 한국, 일본, 중국 Korea, Japan, China
- 습한 초지 Moist grassland

51 산해박(정, 1937)

학　　명　*Cynanchum paniculatum* (Bunge) Kitag. ex H.Hara,
　　　　　Enum. Sperm. Jap. 1: 153. 1948.
학명이명　*Asclepias paniculata* Bunge in Enum. Pl. China Bor.
　　　　　43. 1833.
국명이명　산새박(박, 1949) 신해박(안, 1982)

생태특성 Habit

- 여러해살이풀 Perennial herb
- 꽃은 연한 황갈색으로 8~9월에 윗부분의 잎겨드랑이에서 나와 몇 개로 갈라진다.
  Flower colour: Pale brown, Flowering: August~September, Inflorescence: Corymb
- 열매는 원뿔 모양의 골돌과로 9월에 익는다. Fruiting: September, Follicle: Conical
- 씨앗이 바람에 날려 이동한다. Anemochory

분포 및 자생지 Distribution and Habitats

- 한국(전도), 다후리아, 만주, 아무르, 우수리, 일본, 중국 Korea (All provinces), Dauria, Manchuria, Amur, Ussuri, Japan, China
- 산지의 양지바른 경사지 Sunny mountain slopes

52

박주가리(정, 1937)

학　　명 *Metaplexis japonica* (Thunb.) Makino in Bot. Mag. (Tokyo)
17(195): 87. 1903.

학명이명 *Pergularia japonica* Thunb. in Fl. Jap. 11. 1784.

생태특성 Habit

- 덩굴성 여러해살이풀 Perennial vine
- 꽃은 연한 자주색이고 7~8월에 잎겨드랑이에서 나온 총상꽃차례에서 13~20 송이씩 핀다.
  Flower colour: Pale purple, Flowering: July~August, Inflorescence: 13~20 flowered (Raceme)
- 열매는 실타래모양의 골돌과로 8~9월에 익는다. Fruiting: August~September, Follicle: Fusiform
- 씨앗이 바람에 날려 이동한다. Anemochory

분포 및 자생지 Distribution and Habitats

- 한국(전도), 일본, 중국 Korea (All provinces), Japan, China
- 숲 가장자리나 덤불지역 Forest margins or thickets

꼭두선이과 Rubiaceae

⑤③

솔나물(정, 1937)

학　　명　*Galium verum* L., Sp. Pl. 1: 107. 1753.

학명이명　*Galium verum* var. *trachyphyllum* Wallr., Sched. Crit. 56. 1822.

　　　　　Galium verum var. *trachycarpum* DC., Prodr. (DC.) 4: 603. 1830.

국명이명　큰솔나물(박, 1949)

생태특성 Habit

- 여러해살이풀 Perennial herb
- 꽃은 노란색이고 6~8월에 원뿔모양꽃차례에 여러 송이씩 핀다.
  Flower colour: Yellow, Flowering: June~August, Inflorescence: Many flowered (Panicle)
- 열매는 긴 타원모양의 분과로 8~9월에 익는다.
  Fruiting: August~September, Mericarp: Oblong
- 씨앗이 땅으로 떨어져 번식한다. Barochory

분포 및 자생지 Distribution and Habitats

- 한국, 몽골, 러시아, 북아프리카, 시베리아, 일본, 유럽, 중국, 중앙아시아, 캄차카, 코카사스
  Korea, Mongolia, N Africa, Sakhalin, Siberia, Japan, Europe, China, Central Asia, Kamchatka, Caucasus
- 산지의 초지 Mountain grasslands

마편초과 Verbenaceae

54

누린내풀(정, 1937)

학 명 *Tripora divaricata* (Maxim.)
P.D.Cantino, Syst. Bot. 23: 382.
1998.

학명이명 *Clerodendrum divaricatum* Jack
in Malayan Misc. 1: 48. 1820.
Caryopteris divaricata (Siebold &
Zucc.) Maxim. in Bull. Acad. Imp. Sci.
Saint-Petersbourg, sér. 3 23: 390.
1877.

국명이명 노린재풀(박, 1974), 구렁내풀(안, 1982)

생태특성 Habit

- 여러해살이풀 Perennial herb
- 꽃은 분홍색을 띤 보라색이고 7~8월에 원뿔모양꽃차례 2~3 송이씩 핀다. Flower colour: Pinkish violet. Flowering: July~August. Inflorescence: 2~3 flowered (Panicle)
- 열매는 달걀모양의 소견과로 7~9월에 익는다. Fruiting: July~September, Nutlet: Ovoid
- 씨앗이 땅으로 떨어져 번식한다. Barochory

분포 및 자생지 Distribution and Habitats

- 한국(경기도, 강원이남), 일본, 중국 Korea (Gyeonggi-do, South of Gangwon-do), Japan, China
- 숲 속이나 길가 주변 Forests or roadsides

꿀풀과 Lamiaceae

⑤ 조개나물(정, 1937)

학 명 *Ajuga multiflora* Bunge in Mém. Acad. Imp. Sci. St.-Pétersbourg Divers Savans 2: 125. 1833.

학명이명 *Ajuga amurica* Freyn, Oesterr. Bot. Z. 1902: 408. 1902.
Ajuga multiflora var. *leucantha* Nakai, Chosen Sanrin Kwaiho 186: 29. 1940.

생태특성 Habit

- 여러해살이풀 Perennial herb
- 꽃은 자주색이고 5~6월에 잎겨드랑이에서 나온 총상꽃차례에서 여러 송이씩 핀다.
  Flower colour: Purple, Flowering: May~June, Inflorescence: Many flowered (Raceme)
- 열매는 거꿀달걀모양의 소견과로 6~7월에 익는다. Fruiting: June~July, Nutlet: Obovate
- 씨앗이 땅으로 떨어져 번식한다. Barochory

분포 및 자생지 Distribution and Habitats

- 한국, 러시아, 중국 Korea, Russia, China
- 초지의 경사진 곳이나 덤불지역 Grassland slopes or thickets

층층이꽃(안, 1982)

학 명   *Clinopodium chinense* var. *parviflorum* (Kudô) H.Hara, J. Jap. Bot. 12: 41. 1936.

학명이명   *Satureja chinensis* var. *parviflora* Kudô, J. Coll. Sci. Imp. Univ. Tokyo 43: 38. 1921.

            Clinopodium polycephalum (Vaniot) C.Y.Wu & S.J.Hsuan ex P.S.Hsu, Observ. Fl. Hwangshan. 169. 1965.

국명이명   자주층꽃(박, 1949)

생태특성 Habit

- 여러해살이풀 Perennial herb
- 꽃은 붉은색이고 7~8월에 다수의 꽃이 층층으로 조밀하게 달린다.
  Flower colour: Red, Flowering: July~August, Inflorescence: Many flowered
- 열매는 둥근모양의 분과로 8월에 익는다. Fruiting: August, Globose : Mericarp
- 씨앗이 땅으로 떨어져 번식한다. Barochory

분포 및 자생지 Distribution and Habitats

- 한국, 만주, 중국 Korea, Manchuria, China
- 양지바른 초지 Sunny grassland

⑤⑦ 꽃향유(정, 1949)

학　　명 *Elsholtzia splendens* Nakai ex Maekawa, Bot. Mag.
(Tokyo) 48: 50. 1934.

학명이명 *Elsholtzia pseudocristata* var. *splendens*(Nakai ex Maekawa)
Kitag., J. Jap. Bot. 3: 43. 1959.
Elsholtzia haichowensis Y.Z.Sun, Acta Phytotax. Sin. 11: 47. 1966.

국명이명 붉은향유(박, 1949)

생태특성 Habit
- 한해살이풀 Annual herb
- 꽃은 분홍빛이 도는 자주색이고 9~10월에 이삭꽃차례에 송이씩 핀다.
  Flower colour: Pinkish purple, Flowering: September~October, Inflorescence: Many flowered(Spike)
- 열매는 긴 타원모양의 소견과로 10~11월에 익는다.
  Fruiting: October~November, Nutlet: Oblong
- 씨앗이 땅으로 떨어져 번식한다. Barochory

분포 및 자생지 Distribution and Habitats
- 한국(전국), 중국 Korea(All provinces), China
- 양지 바른 초지 Sunny grassland

58

꿀풀과 Lamiaceae

익모초(정, 1937)

학　　명　*Leonurus japonicus* Houtt., Nat. Hist. (Houttuyn) 9: 366. 1778.

학명이명　*Stachys artemisia* Lour., Fl. Cochinch. 365. 1790.
　　　　　Leonurus heterophyllus Sweet, Brit. Fl. Gard. 1: 197. 1823.

국명이명　임모초(박, 1949)

생태특성 Habit

- 두해살이풀 Biennial herb
- 꽃은 붉은빛이 도는 자주색이고 7~8월에 윤산꽃차례에서 8~15 송이씩 핀다.
  Flower colour: Reddish Purple, Flowering: July~August, Inflorescence: 8~15 flowered (Verticillaster)
- 열매는 넓은 달걀모양의 소견과로 8~9월에 익는다. Fruiting: August~September, Nutlet: Broadly ovoid
- 열매가 땅으로 떨어져 번식한다. Barochory

분포 및 자생지 Distribution and Habitats

- 한국, 남북 아메리카, 라오스, 러시아, 미얀마, 말레이시아, 베트남, 일본, 인도차이나, 인도,아프리카, 중국, 캄보디아, 대만, 티베트, 태국 Korea, S & N America, Laos, Russia, Myanmar, Malaysia, Vietnam, Japan, Indochina, India, Africa, China, Cambodia, Taiwan, Tibet, Thailand
- 양지바른 곳 Sunny site

꿀풀과 Lamiaceae

⑤⑨

송장풀(정, 1949)

학 명 *Leonurus macranthus* Maxim., Mém. Acad. Imp. Sci. St.-Pétersbourg, Divers Savans 9: 476. 1859.

국명이명 개속단(정, 1937), 개방앳잎(정, 1937)

생태특성 Habit

- 여러해살이풀 Perennial herb
- 꽃은 연한 붉은색이고 8~9월에 윤산꽃차례에 8~12 송이씩 핀다.
  Flower colour: Pale red, Flowering: August~September, Inflorescence: 8~12 flowered(Verticillaster)
- 열매는 긴 타원모양의 소견과로 8~9월에 익는다.
  Fruiting: August~September, Nutlet: Oblong
- 열매가 땅으로 떨어져 번식한다. Barochory

분포 및 자생지 Distribution and Habitats

- 한국, 러시아, 일본, 중국 Korea, Russia, Japan, China
- 초지의 경사진 곳이나 덤불지역 Grassland slopes or thickets

꿀풀과 Lamiaceae

60

꿀풀(정, 1937)

학　　명　*Prunella vulgaris* subsp. *asiatica* (Nakai) H.Hara in Enum.
　　　　Sperm. Jap. 1: 222 1948.
학명이명　*Prunella officinalis* Crantz, Stirp. Austr. Fasc. ed. 2, 4: 279. 1763.
　　　　Prunella caerulea Gueldenst. ex Ledeb., Fl. Ross. (Ledeb.) 3:
　　　　393. 1849.
국명이명　꿀방망이(정, 1949), 가지골나물(정, 1949)

생태특성 Habit

- 여러해살이풀 Perennial herb
- 꽃은 붉은빛이 도는 자주색이고 5~7월에 이삭꽃차례에 여러 송이씩 핀다.
  Flower colour: Reddish purple, Flowering: May~July, Inflorescence: Many flowered (Spike)
- 열매는 긴 타원모양의 소견과로 7~8월에 익는다. Fruiting: July~August, Nutlet: Oblong
- 씨앗이 땅으로 떨어져 번식한다. Barochory

분포 및 자생지 Distribution and Habitats

- 한국, 네팔, 러시아, 북아메리카, 부탄, 일본, 인도, 아프리카, 유럽, 중국, 카자흐스탄, 키르기스탄, 파키스탄 Korea, Nepal, Russia, N America, Bhutan, Japan, India, Africa, Europe, China, Kazakhstan, Kyrgyzstan, Pakistan
- 초지, 숲 가장자리나 물가 주변 Grasslands, forest margins or wet streamsides

골무꽃(정, 1937)

학　　명　*Scutellaria indica* L., Sp. Pl. 2: 600. 1753.

학명이명　*Scutellaria japonica* Burm., Fl. Ind. (N. L. Burman) 130. 1768.

Scutellaria indica for. *parvifolia* Matsum. & Kudô, Bot. Mag. (Tokyo) 26: 296. 1912.

생태특성 Habit

- 여러해살이풀 Perennial herb
- 꽃은 자주색이고 5~6월에 한쪽에서 2줄로 총상꽃차례를 이룬다.
  Flower colour: Purple, Flowering: May~June, Inflorescence: 2 line flowered (Raceme)
- 열매는 분과로 꽃받침에 싸여 있고 6월에 익는다. Fruiting: June, Mericarp
- 씨앗이 땅으로 떨어져 번식한다. Barochory

분포 및 자생지 Distribution and Habitats

- 한국(금강산 이남), 대만, 인도차이나, 일본, 중국 Korea (South of Geumgangsan), Taiwan, Indochina, Japan, China
- 양지바른 초지나 길가 주변 Sunny grasslands or roadsides

꿀풀과 Lamiaceae

62 소황금(양, 2004)

학 명 *Scuitellaria orthocalyx* Hand.-Mazz. in Acta Horti Gothob. 9(5): 75–76. 1934.

생태특성 Habit

- 여러해살이풀 Perennial herb
- 꽃은 자주색이고 7~9월에 잎겨드랑이에서 나온 총상꽃차례에서 여러 송이씩 핀다.
  Flower colour: Purple. Flowering: July~September. Inflorescence: Many flowered (Raceme)
- 열매는 둥근모양의 소견과로 9~10월에 익는다. Fruiting: September~October. Nutlet: Globose
- 씨앗이 땅으로 떨어져 번식한다. Barochory

분포 및 자생지 Distribution and Habitats

- 한국(제주도), 중국 Korea (Jeju-do), China
- 양지바른 초지 Sunny grassland

현삼과 Scrophulariaceae

⑥ 나도송이풀(정, 1937)

학 명 *Phtheirospermum japonicum* (Thunb.) Kanitz, Anthophyta Jap.
Legit Emanuel Weiss 12. 1878.
학명이명 *Phtheirospermum chinense* Bunge, Index Seminum
[St.Petersburg (Petropolitanus)] 1: 35. 1835.

생태특성 **Habit**

- 반기생 한해살이풀 Hemiparasitic annual herb
- 꽃은 연한 자주색이고 8~9월에 총상꽃차례에서 여러 송이씩 핀다.
  Flower colour: Pale purple, Flowering: August~September, Inflorescence: Many flowered(Raceme)
- 열매는 좁은 달걀모양의 삭과로 9~10월에 익는다.
  Fruiting: September~October, Capsule: Narrowly ovoid
- 씨앗이 땅으로 떨어져 번식한다. Barochory

- 한국, 러시아, 일본, 중국 Korea, Russia, Japan, China
- 초지나 덤불지역 Grasslands or thickets

64

절국대(정, 1937)

학　　　명　*Siphonostegia chinensis* Benth., Bot.
　　　　　　Beechey Voy. 203. 1837.
국명이명　절국때(정, 1956), 절굿대(안, 1982)

생태특성 Habit

- 여러해살이풀 Perennial herb
- 꽃은 노란색이고 7~8월에 잎겨드랑이에 한 송이씩 핀다.
  Flower colour: Yellow, Flowering: July~August, Inflorescence: Solitary
- 열매는 긴 타원모양의 삭과로 8~9월에 익는다.
  Fruiting: August~September, Capsule: Oblong
- 씨앗이 땅으로 떨어져 번식한다. Barochory

분포 및 자생지 Distribution and Habitats

- 한국, 대만, 만주, 일본, 아무르, 우수리, 중국
  Korea, Taiwan, Manchuria, Japan, Amur, Ussuri, China
- 건조한 초지 Moist grassland

(65)

야고(이, 1976)

학　　명 *Aeginetia indica* L. in Sp. Pl. 2: 632. 1753.

학명이명 *Orobanche aeginetia* L., Sp. Pl. (ed. 2) 2: 883. 1763.

Phelipaea indica (L.) Spreng. ex Steud., Nomencl. Bot., ed. 2 (Steudel) 2: 318. 1842.

생태특성 Habit

- 기생성 한해살이풀 Parasitic annual herb
- 꽃은 홍자색이고 9월에 원줄기 끝에서 한 송이씩 핀다.
  Flower colour: Purple-red, Flowering: September, Inflorescence: Solitary
- 열매는 달걀형의 공모양 삭과로 9월에 익는다.
  Fruiting: September, Capsule: Ovoid-globoseness
- 씨앗이 바람에 날리거나 땅으로 떨어져 번식한다. Diplochory(anemochory, barochory)

분포 및 자생지 Distribution and Habitats

- 한국(제주도), 말레이시아, 미얀마, 베트남, 스리랑카, 인도, 인도네시아,
  일본, 중국, 캄보디아, 태국, 필리핀
  Korea(Jeju-do), Malaysia, Myanmar, Vietnam, Sri Lanka, India, Indonesia, Japan,
  China, Cambodia, Thailand, Philippines
- 억새에 기생 Parasitic on silver grass

인동과 Caprifoliaceae

⑥⑥
인동덩굴(정, 1937)

학　　명	*Lonicera japonica* Thunb. in Syst. Veg. (ed. 14) 216. 1784.
학명이명	*Lonicera flexuosa* Thunb., Trans. Linn. Soc. London 2: 330. 1794.
	Caprifolium japonicum (Thunb.) Dum.Cours., Bot. Cult. (ed. 2) 7: 209. 1814.
국명이명	인동(이, 1969), 금은화(정, 1937), 중박나무(정, 1942),
	털인동덩굴(정, 1942), 우단인동(박, 1949), 섬인동(박, 1949),
	우단인동덩굴(안, 1982)

생태특성 Habit

- 반상록 넓은잎 덩굴식물 Semi-evergreen broad-leaved vine
- 꽃은 노란색이고 6~7월에 잎겨드랑이에서 2 송이씩 핀다.
  Flower colour: Yellow, Flowering: June~July, Inflorescence: 2 flowered
- 열매는 공모양의 장과로 9~10월에 검게익는다.
  Fruit colour : Black, Fruiting: September~October, Berry: Globose
- 열매는 동물이 먹고 씨앗을 배설하거나 땅으로 떨어져 번식한다.
  Diplochory(Endozoochory, Barochory)

분포 및 자생지 Distribution and Habitats

- 한국, 일본, 중국, 대만 Korea, Japan, China, Taiwan
- 숲 가장자리, 초지, 암석지 또는 길가 주변 Forest margins, grasslands, stony places or roadsides

⑥7 당잔대(정, 1949)

학　　명　*Adenophora stricta* Miq. in Ann. Mus. Bot. Lugduno-Batavi 2: 192.
1866.

학명이명　*Adenophora sinensis* var. *pilosa* A.DC., Monogr. Campan. 354. 1830.
Adenophora polymorpha var. *stricta* (Miq.) Makino, Bot. Mag.
(Tokyo) 12: 57. 1898.

국명이명　털모싯대(박, 1949), 당모싯대(박, 1974), 살구잔대(안, 1982)

생태특성 Habit

- 여러해살이풀 Perennial herb
- 꽃은 파란색이고 7~8월에 줄기 끝에서 여러 송이씩 이삭꽃차례처럼 핀다.
  Flower colour: Blue, Flowering: July~August,
  Inflorescence: Many flowered (Like spike)
- 열매는 타원형태의 공모양 삭과로 8~9월에 익는다.
  Fruiting: August~September, Capsule: Oval globoseness
- 씨앗이 땅으로 떨어져 번식한다. Barochory

분포 및 자생지 Distribution and Habitats

- 한국, 일본, 중국
  Korea, Japan, China
- 양지바른 초지 Sunny grassland

68 잔대(정, 1937)

학   명 *Adenophora triphylla* var. *japonica* (Regel)
          H. Hara in J. Jap. Bot .26: 281. 1951.
학명이명 *Adenophora pereskiifolia* var. *japonica* Regel in Index
          Seminum (St. Petersburg) 1864(Suppl.): 17. 1865.
국명이명 층층잔대(정, 1939), 가는잎딱주(박, 1949)

생태특성 Habit

- 여러해살이풀 Perennial herb
- 꽃은 연한 파란색이고 7~9월에 원뿔모양꽃차례에
  여러 송이씩 핀다.
  Flower colour: Pale blue. Flowering: July~September.
  Inflorescence: Many flowered(Panicle)
- 열매는 타원 모양의 삭과로 9~10월에 익는다.
  Fruiting: September~October. Capsule: Oval
- 씨앗이 땅으로 떨어져 번식한다. Barochory

분포 및 자생지 Distribution and Habitats

- 한국, 러시아, 몽골, 일본, 중국, 대만
  Korea, Russia, Mongolia, Japan. China. Taiwan
- 양지바른 초지 Sunny grassland

⑥⑨ 소경불알(정, 1937)

학　　명 *Codonopsis ussuriensis* (Rupr. &Maxim.)
　　　　 Hemsl. in J. Linn. Soc., Bot. 26(173): 6. 1889.

학명이명 *Glosocomia lanceolata* var. *obtusa* Regel,
　　　　 Bull. Cl. Phys.-Math. Acad. Imp. Sci.
　　　　 Saint-Pétersbourg 15: 223. 1857.

국명이명 소경불알더덕(박, 1949), 알더덕(박, 1974)

생태특성 Habit

- 덩굴성 여러해살이풀 Perennial vine
- 꽃은 자주색이고 7~9월에 가지 끝에서 한 송이씩 핀다.
  Flower colour: Purple, Flowering: July~September,
  Inflorescence: Solitary
- 열매는 원뿔모양의 삭과로 9~10월에 익는다.
  Fruiting: September~October, Capsule: Conical
- 씨앗이 땅으로 떨어져 번식한다. Barochory

분포 및 자생지 Distribution and Habitats

- 한국, 러시아, 일본, 중국 Korea, Russia, Japan, China
- 숲 가장자리나 초지의 습한 곳 Wet places in forest margin or grassland

70

애기도라지(정, 1949)

학　　명　*Wahlenbergia marginata* (Thunb.) A.DC. in Monogr.
Campan. 143. 1830.

학명이명　*Lobelia campanuloides* Thunb., Trans. Linn. Soc.
London 2: 331. 1794.

국명이명　좀도라지(박, 1949) 아기도라지(박, 1974)

생태특성 Habit

- 여러해살이풀 Perennial herb
- 꽃은 하늘색이고 6~8월에 줄기 끝에서 한 송이씩 핀다.
  Flower colour: Sky blue, Flowering: June~August, Inflorescence: Solitary
- 열매는 거꿀원뿔모양의 삭과로 8~9월에 익는다.
  Fruiting: August~September, Capsule: Obovate
- 씨앗이 땅으로 떨어져 번식한다. Barochory

분포 및 자생지 Distribution and Habitats

- 한국(제주도, 남부 도서), 네팔, 라오스, 말레이시아, 미얀마, 부탄,
  베트남, 스리랑카, 인도, 인도네시아, 일본, 파푸아뉴기니, 필리핀
  Korea(Jeju-do, Islands of southern), Nepal, Laos, Malaysia, Myanmar,
  Bhutan, Vietnam, Sri Lanka, India, Indonesia, Japan, Papua New Guinea,
  Philippines
- 들판이나 황무지 Fields or wastelands

⑦

쑥부쟁이(박, 1974)

| 학 명 | *Aster yomena* (Kitam.) Honda, Siebold Kenkyu 586, 1938. |

학 명 *Aster yomena* (Kitam.) Honda,
　　　Siebold Kenkyu 586, 1938.

학명이명 *Kalimeris incisa* var. *yomena* Kitam.,
　　　Mem. Coll. Sci. Kyoto Imp. Univ., Ser.
　　　B, Biol. 13: 311. 1937.
　　　Kalimeris yomena Kitam., Acta
　　　Phytotax. Geobot. 6: 51. 1937.

국명이명 쑥부장이(정, 1949), 권영초(정, 1949)

생태특성 Habit

- 여러해살이풀 Perennial herb
- 꽃은 자주색이고 7~10월에 원줄기 끝에서 머리모양꽃차례에 여러 송이씩 핀다.
  Flower colour: Purple. Flowering: July~October.
  Inflorescence: Many flowered (Capitulum)
- 열매는 긴 타원모양의 수과로 10~11월에 익는다.
  Fruiting: October~November. Achene: Oblong
- 씨앗이 바람에 날아가 번식한다. Anemochory

분포 및 자생지 Distribution and Habitats

- 한국(남부지역), 일본 Korea (South part), Japan
- 양지바른 초지 Sunny grassland

국화과 Asteraceae

⑺ 삽주(정, 1937)

학　　명 *Atractylodes ovata* (Thunb.) DC. in Prodr. 7: 48. 1838.

학명이명 *Atractylis ovata* Thunb., Fl. Jap. (Thunberg) 306. 1784.

　　　　 Atractylodes lyrata Siebold & Zucc., Abh. Math.-Phys. Cl. Königl.

　　　　 Bayer. Akad. Wiss. 4: 193. 1846.

국명이명 창출(정, 1937), 백출(정, 1937)

생태특성 **Habit**

- 여러해살이풀 Perennial herb
- 꽃은 자주색이 도는 흰색이고 7~10월에 총상꽃차례에 여러 송이씩 핀다.
  Flower colour: Purplish white. Flowering: July~October, Inflorescence: Many flowered (Raceme)
- 열매는 타원모양의 수과로 9~10월에 익는다.
  Fruiting: September~October, Achene: Oval
- 씨앗이 바람에 날려 이동한다. Anemochory

- 한국, 러시아, 일본, 중국
  Korea, Russia, Japan, China

⑦ 산국(정, 1937)

학　　명　*Chrysanthemum boreale* (Makino) Makino, Bot. Mag. (Tokyo) 23: 20. 1909.

학명이명　*Chrysanthemum indicum* var. *boreale Makino*, Bot. Mag. (Tokyo) 16: 89. 1902.

　　　　　Dendranthema boreale (Makino) Ling ex Kitam., Acta Phytotax. Geobot. 29: 167. 1978.

국명이명　감국(박, 1949), 개국화(정, 1949), 들국(안, 1982)

생태특성 Habit

- 여러해살이풀 Perennial herb
- 꽃은 노란색이고 9~10월에 줄기 끝에서 여러 송이씩 우산모양꽃차례처럼 핀다.
  Flower colour: Yellow, Flowering: September~October, Inflorescence: Many flowered (like umbel)
- 열매는 거꿀달걀모양의 수과로 10~11월에 익는다.
  Fruiting: October~November, Achene: Obovate
- 씨앗이 바람에 날아가 번식한다. Anemochory

분포 및 자생지 Distribution and Habitats

- 한국, 일본, 중국 Korea, Japan, China
- 초지의 양지바른 경사지 Sunny slopes in grassland

(74) 엉겅퀴(정, 1937)

학   명   *Cirsium japonicum* var. *maackii* (Maxim.) Matsum. in Index Pl. Jap. 2: 641. 1912.

학명이명   *Cirsium littorale* var. *ussuriense* Regel, Tent. Fl.-Ussur. 102. 1861.

국명이명   가시나물(정, 1949), 항가새(정, 1949)

생태특성 Habit

- 여러해살이풀 Perennial herb
- 꽃은 보라색이고 6~8월에 원줄기 끝에서 한 송이씩 핀다.
  Flower colour: Purple, Flowering: June~August, Inflorescence: Solitary
- 열매는 넓은 타원모양의 수과로 9~10월에 익는다.
  Fruiting: September~October, Achene: Broadly oval
- 씨앗이 바람에 날아가 번식한다. Anemochory

분포 및 자생지 Distribution and Habitats

- 한국, 러시아, 베트남, 일본, 중국 Korea, Russia, Vietnam, Japan, China
- 숲 가장자리나 양지바른 초지 Forest margins or sunny grassland

⑦⑤ 가시엉겅퀴(정, 1949)

학   명   *Cirsium japonicum* var. *spinossimum* Kitam., J. Jap. Bot. 20: 198, 1944.

생태특성 Habit

- 여러해살이풀 Perennial herb
- 꽃은 자주색 또는 붉은색이고 6~8월에 가지 끝과 원줄기 끝에 달린다.
  Flower colour: Purple or red, Flowering: June~August, Inflorescence: Capitulum
- 열매는 수과로 8월에 익는다. Fruiting: August. Achene
- 씨앗이 바람에 날려 이동한다. Anemochory

분포 및 자생지 Distribution and Habitats

- 한국(제주도), 일본 Korea(Jeju-do), Japan
- 숲 가장자리나 양지바른 초지
  Forest margins or sunny grassland

76

절굿대(박, 1974)

학　　명 *Echinops setifer* Iljin in Bot. Mater. Gerb. Glavn. Bot.
　　　　Sada R.S.F.S.R. 4(13–14): 108. 1923.

국명이명 개수리취(정, 1937), 절구대(정, 1949), 둥둥방망이(정, 1949),
　　　　분취아재비(박, 1949), 절구때(이, 1969)

생태특성 Habit

- 여러해살이풀 Perennial herb
- 꽃은 파란색을 띠는 자주색색이고 7~8월에 원줄기 끝에서 머리모양꽃차례에 여러 송이씩 핀다. Flower colour: Blueish purple, Flowering: July~August, Inflorescence: Many flowered(Capitulum)
- 열매는 원통모양의 수과로 8~9월에 익는다. Fruiting: August~September, Achene: Cylindrical
- 씨앗이 바람에 날아가 번식한다. Anemochory

분포 및 자생지 Distribution and Habitats

- 한국(중부이남), 일본, 중국
  Korea(South part), Japan, China
- 양지바른 초지
  Sunny grassland

⑦ 갯취(정, 1949)

학   명 *Ligularia taquetii* (H. Lév. & Vaniot) Nakai in Rep. Veg. Isl. Quelpaert. 99. 1914.

학명이명 *Senecio taquetii* H.Lév. & Vaniot, Repert. Spec. Nov. Regni Veg. 8: 139. 1910.
Ligularia mongolica var. *taquetii* (H.Lév. & Vaniot) H.Koyama, Mem. Fac. Sci. Kyoto Univ., Ser. Biol. 2: 50. 1968.

국명이명 섬곰취(박, 1949), 갯곰취(박, 1974)

생태특성 Habit

- 여러해살이풀 Perennial herb
- 꽃은 노란색이고 6~7월에 원줄기 끝에서 총상꽃차례에 여러 송이씩 핀다.
  Flower colour: Yellow, Flowering: June~July,

  Inflorescence: Many flowered(Raceme)
- 열매는 원뿔모양의 수과로 8~9월에 익는다.
  Fruiting: August~September, Achene: Conical
- 씨앗이 바람에 날아가 번식한다. Anemochory

분포 및 자생지 Distribution and Habitats

- 한국(제주도, 거제도),
  특산식물 Korea(Jeju-do), Endemic
- 양지바른 초지 Sunny grassland

78 쇠서나물(정, 1956)

학　　명 *Picris hieracioides* subsp. *japonica* (Thunb.) Hand.-Mazz., Symb.
　　　　Sin. 7: 1177. 1936.
학명이명 *Picris japonica* Thunb., Fl. Jap. (Thunberg) 299. 1784.
국명이명 모련채(정, 1937), 참모련채(정, 1949), 조선모련채(박, 1949)

생태특성 Habit

- 두해살이풀 Biennial herb
- 꽃은 노란색이고 6~9월에 머리모양꽃차례에서 여러 송이씩 핀다.
  Flower colour: Yellow, Flowering: June~September, Inflorescence: Many flowered(Capitulum)
- 열매는 타래모양의 수과로 9~10월에 익는다. Fruiting: September~October, Achene: Fusiform
- 씨앗이 바람에 날려 이동한다. Anemochory

분포 및 자생지 Distribution and Habitats

- 한국, 만주, 몽골, 중국 Korea, Manchuria, Mongolia, China
- 숲 속, 초지 또는 산지의 경사지 Grasslands, forests or mountain slopes

⑦⑨ 산비장이(정, 1949)

학　　명 *Serratula coronata* subsp. *insularis* (Iljin) Kitam., Acta Phytotax. Geobot. 12: 105. 1943.

학명이명 *Serratula insularis* Iljin, Izv. Glavn. Bot. Sada S.S.S.R. 27: 86. 1928. *Klasea insularis* (Iljin) J.Holub, Preslia 70: 106. 1998.

국명이명 큰산나물(박, 1949), 산비쟁이(박, 1974)

생태특성 Habit

- 여러해살이풀 Perennial herb
- 꽃은 보라색이고 7~10월에 가지 끝과 원줄기 끝에 하나씩 핀다.
  Flower colour: Violet, Flowering: July~October, Inflorescence: Solitary
- 열매는 원통모양의 수과로 9~10월에 익는다. Fruiting: September~October, Achene: Cylindrical
- 씨앗이 바람에 날려 이동한다. Anemochory

분포 및 자생지 Distribution and Habitats

- 한국, 러시아, 몽골, 일본, 유럽, 카자흐스탄, 키르기스탄
  Korea, Russia, Mongolia, Japan, Europe, Kazakhstan, Kyrgyzstan
- 숲 가장자리나 목초지 Forest margins or meadow

국화과 Asteraceae

민들레(연, 1937)

학　　명　*Taraxacum platycarpum* Dahlst., Acta Horti Berg. 4: 14. 1907.

학명이명　*Taraxacum officinale* var. *platycarpum* (Dahlst.) Nakai, J. Coll. Sci.
　　　　　Imp. Univ. Tokyo 31: 52. 1911.

　　　　　Taraxacum denticorne Koidz., Bot. Mag. (Tokyo) 48: 673. 1934.

국명이명　안질방이(정, 1949)

생태특성 Habit

- 여러해살이풀 Perennial herb
- 꽃은 노란색이고 4~5월에 원줄기 끝에서 머리모양꽃차례에 여러 송이씩 핀다.
  Flower colour: Yellow. Flowering: April~May, Inflorescence: Many flowered (Capitulum)
- 열매는 긴 타원모양의 수과로 5~6월에 익는다. Fruiting: May~June, Achene: Oblong
- 씨앗이 바람에 날아가 번식한다. Anemochory

분포 및 자생지 Distribution and Habitats

- 한국, 일본 Korea, Japan
- 양지바른 초지나 길가주변 Sunny grassland or roadsides

⑧¹ 솜방망이(정, 1937)

학　명　*Tephroseris kirilowii* (Turcz. ex DC.) Holub in Folia Geobot. Phytotax. 12: 249. 1977.

학명이명　*Senecio kirilowii* Turcz. ex DC., Prodr. (DC.) 6: 361. 1838. *Senecio aurantiacus* var. *spathulata* Miq., Ann. Mus. Bot. Lugd.-Bat. 2: 181. 1866.

국명이명　산방망이(정, 1949), 들솜쟁이(박, 1949), 소곰쟁이(박, 1949), 구설초(안, 1982)

생태특성 Habit

- 여러해살이풀 Perennial herb
- 꽃은 노란색으로 5~6월에 피고 산방산 또는 산형으로 3~9개가 달린다.
  Flower colour: Yellow, Flowering: May~June, Inflorescence: 3~9 flowed (corymb or umbe)
- 열매는 원통모양의 수과로 6월에 익는다. Fruiting: June, Achene: Cylindrical
- 씨앗이 바람에 날려 이동한다. Anemochory

─────

분포 및 자생지 Distribution and Habitats

- 한국(전도), 일본, 중국, 대만 Korea(All provinces), Japan, China, Taiwan
- 양지바른 초지 Sunny grassland

⑧ 무릇(정, 1937)

학 명	*Barnardia japonica* (Thunb.) Schult.f., Syst. Veg., ed. 15 bis [Roemer & Schultes] 7: 555. 1829.
학명이명	*Ornithogalum japonicum* Thunb., Nova Acta Regiae Soc. Sci. Upsal. 3: 209. 1780.
	Ornithogalum sinense Lour., Fl. Cochinch. 206. 1790.
국명이명	물구(안, 1982), 물굿(안, 1982)

생태특성 Habit

- 여러해살이풀 Perennial herb
- 꽃은 연한 자주색이고 7~9월에 총상꽃차례에서 여러 송이씩 핀다.
  Flower colour: Pale purple, Flowering: July~September,
  Inflorescence: Many flowered(Raceme)
- 열매는 둥근 거꿀달걀모양 삭과로 9~10월에 익는다.
  Fruiting: September~October, Capsule: Obovate
- 씨앗이 땅으로 떨어져 번식한다. Barochory

분포 및 자생지 Distribution and Habitats

- 한국(전국), 러시아, 일본, 중국, 대만
  Korea(All provinces), Japan, China, Taiwan
- 숲이나 초지 또는 경작지 주변
  Forest, grassland or cultivated land

83

윤판나물아재비

학 명 *Disporum sessile* (Thunb.) D.Don ex Schult. & Schult.f., Prodr. Fl.
Nepal. 50. 1825.

학명이명 *Uvularia sessilis* Thunb., Fl. Jap. 135. 1784.
Disporum sessile var. *stenophyllum* Franch. & Sav., Enum.
Pl. Jap. 2: 52. 1877.

생태특성 Habit

- 여러해살이풀 Perennial herb
- 꽃은 흰색으로 끝 부분은 연한 초록색을 띠고 4~5월에 줄기 끝에서 1~3 송이씩 핀다.
  Flower colour: White and greenish near the tip, Flowering: April~May, Inflorescence: 1~3 flowered
- 열매는 공모양 장과로 5~6월에 익는다. Fruiting: May~June, Berry: Globose
- 열매를 동물이 먹고 씨앗을 배설하여 번식한다. Endozoochory

분포 및 자생지 Distribution and Habitats

- 한국(제주도, 울릉도), 일본 Korea(Jeju-do, Uleung-do), Japan
- 숲의 경사지 또는 가장자리 Slope or margin of forests

84 원추리(정, 1937)

학　　명　*Hemerocallis fulva* (L.) L., Sp. Pl. (ed. 2) 1: 462. 1762.

학명이명　*Hemerocallis lilioasphodelus* var. *fulva* L., Sp. Pl. 1: 324. 1753.
　　　　　Hemerocallis fulva var. *maculata* Baroni, Nuovo Giorn. Bot. Ital. 2: 306. 1897.

국명이명　넘나물(정, 1937), 들원추리(박, 1949)

생태특성 Habit

- 여러해살이풀 Perennial herb
- 꽃은 노란색이고 4~5월에 꽃자루 끝에서 3~10 송이씩 피어서 우산모양꽃차례를 이룬다.
  Flower colour: Yellow. Flowering: April~May, Inflorescence: 3~10 flowered (Umbel)
- 열매는 넓은 타원 모양의 삭과로 6월에 익으면 3개로 벌어진다.
  Fruiting: June, Capsule : Broadly oval
- 씨앗은 검은색으로 땅에 떨어져 번식한다. Barochory

분포 및 자생지 Distribution and Habitats

- 한국(전국), 동인도, 러시아(코카서스), 유럽, 이란, 중국, 히말라야
  Korea (All province), East of India, Russia (Caucasus), Europe, Iran, China, Himalaya
- 숲 속이나 덤불 또는 초지 Forests, thickets or grasslands

백합과 Liliaceae

⑧⑤

땅나리(정, 1949)

학 명 *Lilium callosum* Siebold & Zucc., Fl. Jap. (Siebold) 1: 86 1839

학명이명 *Lilium pomponicum* Thunb., Fl. Jap. (Thunberg) 134. 1784.
Lilium tenuifolium var. *stenophyllum* Baker, J. Linn. Soc., Bot.
14: 251. 1874.

국명이명 작은중나리(정, 1937), 애기중나리(박, 1949)

생태특성 Habit

- 여러해살이풀 Perennial herb
- 꽃은 진한 주황색이고 6~7월에 줄기 끝에서 1~8 송이씩 총상꽃차례를 이루어 핀다.
  Flower colour: Dark orange, Flowering: June~July, Inflorescence: 1~8 flowered(Raceme)
- 열매는 좁고 긴 타원모양의 삭과로 7~8월에 익는다. Fruiting: July~August, Capsule: Oblong
- 열매가 익으면 터지면서 씨앗이 밖으로 튕겨 나와 번식한다. Autochory

분포 및 자생지 Distribution and Habitats

- 한국(제주도, 경기도), 러시아, 일본, 중국, 대만
  Korea(Jeju-do, Gyeonggi-do), Russia, Japan, China, Taiwan
- 경사진 풀밭 Grassy slopes

백합과 Liliaceae

86

둥굴레(정, 1937)

학 명	*Polygonatum odoratum* var. *pluriflorum* (Miq.) Ohwi, Bull. Natl. Sci. Mus., Tokyo 26: 7. 1949.
학명이명	*Polygonatum officinale* var. *pluriflorum* Miq., Ann. Mus. Bot. Lugduno-Batavi 3: 148. 1867.
	Polygonatum vulgare var. *macranthum* Hook.f., Bot. Mag. 100: t. 6133. 1874.
국명이명	괴불꽃(정, 1949)

생태특성 Habit

- 여러해살이풀 Perennial herb
- 꽃은 흰색이고 6~7월에 잎겨드랑이에서 1~2 송이씩 핀다.
  Flower colour: White, Flowering: June~July, Inflorescence: 1~2 flowered
- 열매는 공모양의 장과로 9~10월에 검게 익는다.
  Fruiting: September~October(Black), Berry: Globose
- 동물이 열매를 먹고 배설하거나 씨앗이 땅으로 떨어져 번식한다.
  Diplochory (endozoochory, barochory)

분포 및 자생지 Distribution and Habitats

- 한국(제주도), 러시아, 몽골, 일본, 중국 Korea(Jeju-do), Russia, Mongolia, Japan, China
- 숲 속이나 그늘진 사면 Forests or shaded slopes

(87)

산자고(정, 1937)

학   명   *Tulipa edulis* (Miq.) Baker in J. Linn. Soc., Bot. 14(76): 295–296. 1874.

학명이명   *Tulipa graminifolia* Baker, J. Bot. 13: 230. 1875.

국명이명   물구(박, 1949), 물굿(안, 1982)

생태특성 Habit

- 여러해살이풀 Perennial herb
- 꽃은 흰색으로 4~5월에 꽃자루 끝에서 한 송이씩 하늘을 향해 핀다. Flower colour: White. Flowering: April~May, Inflorescence: Solitary
- 열매는 끝이 뾰족한 삭과로 5~6월에 익는다. Fruiting: May~June, Capsule: Pointed
- 열매가 익으면 벌어져 씨앗이 땅으로 떨어져 번식한다. Barochory

분포 및 자생지 Distribution and Habitats

- 한국, 일본, 중국 Korea. Japan. China
- 초지 사면 Slopes on grassland

88 제주상사화(태, 1993)

학   명 *Lycoris chejuensis* Tae & S. C. Ko in Korean J. Pl.
Taxon. 23(4): 234. 1993.

- 여러해살이풀 Perennial herb
- 꽃은 흰색으로 8월에 노란 빛이 도는 줄기 끝에서 5~8 송이씩 피어서 우산모양꽃차례를 이룬다.
  Flower colour: white, Flowering: August, Inflorescence: 5~8 flowered(Umbel)
- 열매는 끝이 뾰족한 삭과로 9월에 익는다. Fruiting: September(3 parted), Capsule : pointed
- 열매가 익으면 벌어져 씨앗이 땅으로 떨어져 번식한다. Barochory

분포 및 자생지 Distribution and Habitats

- 한국(제주도, 특산) Korea(Jeju-do, Endemic)
- 습하고 그늘진 사면 Shady and moist slopes

89 노란별수선(Kim 외, 2008)

학   명 *Hypoxis aurea* Lour. in Fl. Cochinch. 1: 200. 1790.

생태특성 Habit

- 여러해살이풀 Perennial herb
- 꽃은 노란색으로 5~8월에 꽃줄기 끝에서 1~3 송이씩 피어서 우산모양 꽃차례를 이룬다.
  Flower colour: Yellow, Flowering: May~August, Inflorescence: 1~3 flowered (Umbel)
- 열매는 곤봉모양의 삭과로 9월에 익는다. Fruiting: September, Capsule: Clavate
- 열매가 익으면 벌어져 씨앗이 땅으로 떨어져 번식한다. Barochory

분포 및 자생지 Distribution and Habitats

- 한국(제주도), 네팔, 라오스, 미얀마, 베트남, 부탄, 인도, 인도네시아, 일본, 중국, 캄보디아, 대만, 파키스탄, 파푸아뉴기니, 필리핀 Korea(Jeju-do), Nepal, Laos, Myanmar, Vietnam, Bhutan, India, Indonesia, Japan, China, Cambodia, Tiwan, Pakistan, Papua New Guinea, Philippines
- 숲 속이나 초지의 습하고 경사진 곳 Forests or moist grassy slopes

범부채(정, 1937)

학　　명 *Iris domestica* (L.) Goldblatt & Mabb., Novon 15: 129. 2005.

학명이명 *Ixia chinensis* L., Sp. Pl. 1: 36. 1753.

　　　　Epidendrum domesticum L., Sp. Pl. 2: 952. 1753.

국명이명 사간(정, 1949)

생태특성 Habit

- 여러해살이풀 Perennial herb
- 꽃은 주황색으로 6~8월에 꽃줄기 끝에서 여러 송이씩 핀다.
  Flower colour: Orange, Flowering: June~August, Inflorescence: Many flowered
- 열매는 곤봉모양의 삭과로 9~10월에 익는다. Fruiting: September~October, Capsule: Clavate
- 열매가 익으면 벌어져 씨앗이 땅으로 떨어져 번식한다. Barochory

분포 및 자생지 Distribution and Habitats

- 한국(전국), 네팔, 러시아, 미얀마, 베트남, 부탄, 인도, 일본, 중국, 필리핀
  Korea(All province), Nepal, Russia, Myanmar, Vietnam, Bhutan, India, Japan, China, Philippines,
- 숲 가장자리나 양지바른 초지 Forest margins or sunny grassland

91

각시붓꽃(정, 1949)

학　　명　*Iris rossii* Baker in Gard. Chron., n.s. 8: 809. 1877.

학명이명　*Iris rossii* for. *albiflora* Sakata ex Uyeki, Veg. Kwa-san Hill Suigen 14. 1936.

　　　　　Iris rossii for. *alba* Y.N.Lee, Korean J. Bot. 17: 35. 1974.

국명이명　산난초(Mori, 1922), 애기붓꽃(정, 1937)

생태특성 Habit

- 여러해살이풀 Perennial herb
- 꽃은 자주색으로 4~5월에 꽃줄기에서 한 송이씩 핀다.
  Flower colour: Purple, Flowering: April~May, Inflorescence: Solitary
- 열매는 공 모양의 삭과로 6~8월에 익는다.
  Fruiting: June~August, Capsule: Globose
- 열매가 익으면 터지면서 씨앗이 밖으로 튕겨 나온다. Autochory

분포 및 자생지 Distribution and Habitats

- 한국(전국), 일본, 중국 Korea(All province), Japan, China
- 숲 가장자리의 초지나 양지바른 초지
  Meadows at forest margins, sunny grassland

솔붓꽃(정, 1949)

학 명 *Iris ruthenica* Ker Gawl. in Bot. Mag. 28: pl. 1123. 1808.

학명이명 *Iris ruthenica* var. *nana* Maxim., Mélanges Biol. Bull. Phys.-Math. Acad. Imp. Sci. Saint-Pétersbourg 10: 705. 1880.

국명이명 가는붓꽃(박, 1949), 애기붓꽃(안, 1982)

생태특성 Habit

- 여러해살이풀 Perennial herb
- 꽃은 연보라색이고 4~5월에 원줄기 끝에서 1~2 송이씩 핀다.
  Flower colour: Pale violet, Flowering: April~May, Inflorescence: 1~2 flowered
- 열매는 공모양의 삭과로 6~8월에 익는다.
  Fruiting: June~August, Capsule: Globose
- 열매가 익으면 터지면서 씨앗을 방출한다. Autochory

분포 및 자생지 Distribution and Habitats

- 한국(강원이남, 경기도, 충청남도), 중국
  Korea (South of Gangwon-do, Gyeonggi-do, Chungcheongnam-do), China
- 양지바른 초지 Sunny grassland

⑨③ 꿩의밥(정, 1937)

학　　명　*Luzula capitata* (Miq. ex Franch. & Sav.) Kom. in Fl.
　　　　　Kamtschatka 1: 288 1927.

학명이명　*Luzula campestris* var. *capitata* Miq. ex Franch. & Sav., Enum. Pl.
　　　　　Jap. 2: 97. 1879.

국명이명　꿩밥(박, 1949)

생태특성 Habit

- 여러해살이풀 Perennial herb
- 꽃은 붉은색을 띤 갈색이고 4~5월에 머리모양꽃차례에서 여러 송이씩 핀다.

  Flower colour: Red-brown, Flowering: April~May,

  Inflorescence: Many flowered(Capitulum)
- 열매는 달걀모양의 삭과로 5월에 익는다.

  Fruiting: May, Capsule: Ovoid
- 씨앗이 바람에 날려 이동한다. Anemochory

분포 및 자생지 Distribution and Habitats

- 한국, 러시아, 일본, 중국

  Korea, Russia, Japan, China
- 초지 Grassland

94 개솔새(정, 1949)

학　　명 *Cymbopogon goeringii* (Steud.) A.Camus, Rev. Bot. Appl. Agric.
Colon. 1: 286. 1921.

학명이명 *Andropogon goeringii* Steud., Flora 29: 22. 1846.
Andropogon nardus var. *goeringii* (Steud.) Hack., Monogr.
Phan. 6: 607. 1889.

생태특성 Habit

- 여러해살이풀 Perennial herb
- 꽃은 연한 자주색이고 9월에 총상꽃차례에서 여러 송이씩 핀다.
  Flower colour: Pale purple, Flowering: September,

  Inflorescence: Many flowered (Raceme)
- 열매는 긴 타원모양의 영과로 10월에 익는다.
  Fruiting: October, Caryopsis: Oblong
- 씨앗이 땅으로 떨어져 번식한다. Barochory

분포 및 자생지 Distribution and Habitats

- 한국, 일본, 인도차이나, 중국, 대만
  Korea, Japan, Indochina, China, Taiwan
- 양지바르고 건조한 초지 Grassy places on light dry soils

95

띠(정, 1949)

학 명	*Imperata cylindrica* (L.) Raeusch., Nomenc. Bot. ed. 3: 10. 1797
	Saccharum koenigii Retz. in Observ. Bot. 5: 16. 1789.
학명이명	*Lagurus cylindricus* L., Syst. Nat. ed. 10 2: 878. 1759.
	Saccharum koenigii Retz., Observ. Bot. (Retzius) 5: 16. 1789.
국명이명	띠(정, 1937), 삘기(정, 1937), 삐비(박, 1949)

생태특성 Habit

- 여러해살이풀 Perennial herb
- 꽃은 흰색이고 5월에 원기둥 같은 원뿔모양꽃차례에서 여러 송이씩 핀다.
  Flower colour: White, Flowering: May, Inflorescence: Many flowered (Panicle)
- 열매는 타원모양 영과로 5~6월에 익는다. Fruiting: May~June, Caryopsis: Oval
- 씨앗이 바람에 의해 날아가 번식한다. Anemochory

분포 및 자생지 Distribution and Habitats

- 한국, 북아메리카, 아시아, 아프리카 Korea, N America, Asia, Africa
- 초지 Grassland

96 억새 (정, 1937)

학 명	*Miscanthus sinensis* var. *purpurascens* (Andersson) Matsum., Nippon Shokubutsumeii, ed. 2, 189. 1895.
학명이명	*Miscanthus purpurascens* Andersson, Ofvers. Forh. Kongl. Svenska Vetensk.-Akad. 12: 167. 1855.
	Miscanthus sinensis for. *purpurascens* (Andersson) Nakai, Bot. Mag. (Tokyo) 31: 16. 1917.

생태특성 Habit

- 여러해살이풀 Perennial herb
- 꽃은 연한 보라색이고 9월에 총상꽃차례에서 여러 송이씩 핀다.
  Flower colour: Pale purple, Flowering: September, Inflorescence: Many flowered (Raceme)
- 열매는 타원모양 영과로 9~10월에 익는다.
  Fruiting: September~October, Caryopsis: Oval
- 씨앗이 바람에 날리거나 땅으로 떨어져 번식한다. Diplochory(anemochory, barochory)

- 한국, 러시아, 일본, 중국 Korea. Russia. Japan. China
- 숲 가장자리나 초지 Forest margins or grassland

97

수크령(정, 1937)

학 명 *Pennisetum alopecuroides* (L.) Spreng., Syst. Veg. ed.
16, 1: 303. 1824.

학명이명 *Panicum alopecuroides* L., Sp. Pl. 1: 55. 1753.
Pennisetum compressum R.Br., Prodr. Fl. Nov. Holland. 195. 1810.

국명이명 길갱이(정, 1949)

생태특성 Habit

- 여러해살이풀 Perennial herb
- 꽃은 보라색이고 8~9월에 이삭꽃차례에서 5~25 송이씩 핀다.
  Flower colour: Violet, Flowering: August~September, Inflorescence: 5~25 flowered (Spike)
- 열매는 타원모양의 영과로 9~10월에 익는다. Fruiting: September~October, Caryopsis: Oval
- 동물의 몸에 씨앗이 붙어서 이동하여 번식한다. Exozoochory

분포 및 자생지 Distribution and Habitats

- 한국, 인도 동부, 미얀마, 말레이시아, 일본, 오스트레일리아, 인도네시아, 중국, 대만, 필리핀
  Korea, Taiwan, India, Myanmar, Malaysia, Japan, Australia, Indonesia, China, Philippines
- 초지나 길가 주변 Grasslands or roadsides

⑱ 잔디(정, 1949)

학　　명　*Zoysia japonica* Steud., Syn. Pl. Glumac. 1: 414. 1854.

학명이명　*Osterdamia japonica* (Steud.) Hitchc., Bull. U.S.D.A. 772: 166. 1920.
　　　　　　Zoysia koreana Mez, Repert. Spec. Nov. Regni Veg. 17: 146. 1921.

국명이명　잔듸(정, 1937), 푸른잔디(박, 1949)

생태특성 Habit

- 여러해살이풀 Perennial herb
- 꽃은 5~6월에 피고 줄기 끝에 한 개씩 달린다.
  Flowering: May~June, Inflorescence: Solitary
- 열매는 영과로 6월에 익는다. Fruiting: June, Caryopsis
- 씨앗이 땅으로 떨어져 번식한다. Barochory

분포 및 자생지 Distribution and Habitats

- 한국(전도), 일본, 중국, 대만 Korea(All provinces), Japan, China, Taiwan
- 초지나 길가 Grassland or roadside

99 애기방울난초(이, 2007)

학　명　*Habenaria iyoensis* (Ohwi) Ohwi ex Chin S.Chang, Prov. Checkl.
　　　　Vasc. Pl. Korea 144. 2014.

학명이명　*Peristylus iyoensis* Ohwi, J. Jap. Bot. 12: 382. 1936.

생태특성 Habit

- 여러해살이풀 Perennial herb
- 꽃은 연한녹색으로 9~10월에 7~12 송이씩 총상꽃차례를 이루어 핀다.
  Flower colour: Pale green, Flowering: September~October, Inflorescence: 7~12 flowered (Raceme)
- 열매는 타원모양의 삭과로 10~11월에 익는다. Fruiting: October~November, Capsule: Oval
- 열매가 익으면 벌어져 씨앗이 땅으로 떨어지거나 번식한다. Barochory

분포 및 자생지 Distribution and Habitats

- 한국(제주도), 일본, 중국, 대만 Korea(Jeju-do), Japan, China, Taiwan
- 숲 속이나 습한 초지 Forests, moist grasslands

(100) 잠자리난초(정, 1956)

| 학　명 | *Habenaria linearifolia* Maxim. in Mém. Acad. Imp. Sci. St.-Pétersbourg Divers Savans 9: 269. 1859. |

학　명 *Habenaria linearifolia* Maxim. in Mém. Acad. Imp. Sci. St.-Pétersbourg Divers Savans 9: 269. 1859.

학명이명 *Habenaria linearifolia* for. *integrifolia* Ohwi, Acta Phytotax. Geobot. 2: 157. 1933.

Fimbrorchis linearifolia (Maxim.) Szlach., Orchidee (Hamburg) 55: 492. 2004.

국명이명 해오라비아재비(정, 1937), 큰잠자리난초(정, 1949), 해오래비난초(박, 1949)

생태특성 Habit

- 여러해살이풀 Perennial herb
- 꽃은 흰색으로 6~8월에 10~15개 총상꽃차례를 이룬다.
  Flower colour: White, Flowering: June~August, Inflorescence: Many flowered(Raceme)
- 씨앗이 바람에 날리거나 땅으로 떨어져 번식한다. Diplochory(anemochory, barochory)

분포 및 자생지 Distribution and Habitats

- 한국, 러시아, 일본, 중국 Korea, Russia, Japan, China
- 습한 초지 주변 Wet grassland

난초과 Orchidaceae

씨눈난초(정, 1949)

학 명 *Herminium lanceum* var. *longicrure* (C.Wright ex A.Gray) H.Hara, J. Jap. Bot. 44: 60. 1969.

학명이명 *Aceras longicrure* C.Wright ex A.Gray, Mem. Amer. Acad. Arts Ser 2, 6: 411. 1859. *Aceras angustifolium* var. *longicrure* (C.Wright ex A.Gray) Miq., Prolus. Fl. Jap.139. 1866.

국명이명 구슬난초(박, 1949) 혹뿌리난초(안, 1982)

생태특성 Habit
- 여러해살이풀 Perennial herb
- 꽃은 연한 초록색으로 6~7월에 여러 송이씩 이삭꽃차례를 이루어 핀다.
  Flower colour: Pale green, Flowering: June~July, Inflorescence: Many flowered(Spike)
- 열매는 타원모양의 삭과로 8~9월에 익는다. Fruiting: August~September, Capsule: Oval
- 열매가 익으면 벌어져 씨앗이 땅으로 떨어지거나 번식한다. Barochory

분포 및 자생지 Distribution and Habitats
- 한국(강원도 북부, 경기도), 일본, 중국, 대만
  Korea(North of Gangwon-do, Gyeonggi-do), Japan, China, Taiwan
- 양지바른 초지 Sunny grassland

난초과 Orchidaceae

방울난초(박, 1949)

학   명 *Peristylus densus* (Lindl.) Santapau & Kapadia, J. Bombay Nat. Hist. Soc. 57: 128. 1960.

학명이명 *Coeloglossum densum* Lindl., Gen. Sp. Orchid. Pl. 302. 1835.

Coeloglossum flagelliferum Maxim. ex Makino, Bot. Mag. (Tokyo) 16: 89. 1902.

생태특성 Habit

- 여러해살이풀 Perennial herb
- 꽃은 연한 초록색으로 9~10월에 이삭꽃차례에서 여러 송이씩 핀다.
  Flower colour: Pale green, Flowering: September~October, Inflorescence: Many flowered(Spike)
- 열매는 공모양의 삭과로 10~11월에 익는다.
  Fruiting: October~November, Capsule: Globose
- 열매가 익으면 벌어져 씨앗이 땅으로 떨어지거나 번식한다. Barochory

분포 및 자생지 Distribution and Habitats

- 한국(제주도), 미얀마, 방글라데시, 베트남, 인도, 일본, 중국, 캄보디아, 태국
  Korea(Jeju-do), Myanmar, Bangladesh, Vietnam, India, Japan, China, Cambodia, Thailand
- 숲 속이나 습한 초지 Forests, moist grasslands

⑩ 산제비란(정, 1949)

학　　명	*Platanthera mandarinorum* Rchb.f., Linnaea 25: 226. 1852.
학명이명	*Platanthera oreades* var. *brachycentron* Franch. & Sav. in Enum. Pl. Jap. 2: 514. 1878.
국명이명	산제비난초(박, 1949), 짧은산제비난(이, 1969), 산제비난(이, 1969)

생태특성 Habit

- 여러해살이풀 Perennial herb
- 꽃은 연한 초록색이고 5월에 이삭꽃차례에서 여러 송이씩 핀다.
  Flower colour: Pale green, Flowering: May, Inflorescence: Many flowered (Spike)
- 열매는 긴 타원모양의 삭과로 8월에 익는다. Fruiting: August, Capsule: Oblong
- 씨앗이 바람에 날아가거나 땅위로 떨어져 번식한다. Diplochory(Anemochory, Barochory)

분포 및 자생지 Distribution and Habitats

- 한국, 러시아, 일본, 중국 Korea, Russia, Japan, China
- 양지바른 초지 Sunny grassland

방울새란(안, 1982)

(104)

학 명 *Pogonia minor* (Makino) Makino in Bot. Mag. (Tokyo) 23: 137. 1909.

학명이명 *Pogonia japonica* var. *minor* Makino in Bot. Mag. (Tokyo) 12: 103. 1898.

국명이명 방울새난초(정, 1937), 방울새난(이, 1969)

생태특성 Habit

- 여러해살이풀 Perennial herb
- 꽃은 흰색으로 5~6월에 꽃줄기 끝에서 한 송이씩 핀다.
  Flower colour: White, Flowering: May~June, Inflorescence: Solitary
- 열매는 긴 원통모양의 삭과로 7~8월에 익는다. Fruiting: July~August, Capsule: Cylindrical
- 열매가 익으면 벌어져 씨앗이 땅으로 떨어지거나 번식한다. Barochory

분포 및 자생지 Distribution and Habitats

- 한국, 일본, 중국, 대만
  Korea, Japan, China, Taiwan
- 초지 | Grassland

⑩⑤ 타래난초(정, 1937)

학　　명　*Spiranthes sinensis* (Pers.) Ames in Orchidaceae 2: 53. 1908.

학명이명　*Aristotelea spiralis* Lour., Fl. Cochinch. 522. 1790.

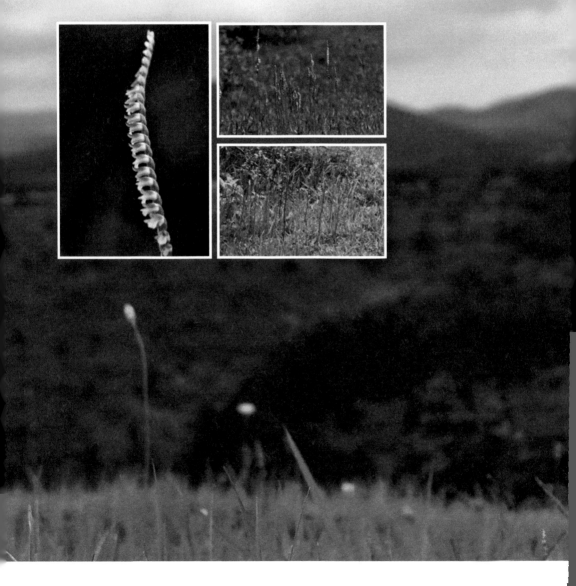

생태특성 Habit

- 여러해살이풀 Perennial herb
- 꽃은 분홍색으로 5~8월에 여러 송이씩 나선모양으로 피어 이삭꽃차례를 이룬다.
  Flower colour: Pink, Flowering: May~August, Inflorescence: Many spirally arranged (Spike)
- 열매는 타원모양의 삭과로 8~9월에 익는다. Fruiting: August~September, Capsule: Oval
- 열매가 익으면 벌어져 씨앗이 땅으로 떨어지거나 번식한다. Barochory

분포 및 자생지 Distribution and Habitats

- 한국, 러시아, 말레이시아, 미얀마, 몽골, 부탄, 베트남, 오스트레일리아, 인도, 일본,
  유럽, 중국, 대만, 태국, 히말라야
  Korea, Russia, Malaysia, Myanmar, Mongolia, Bhutan, Vietnam, Australia, India, Japan,
  Europe, China, Taiwan, Thailand, Himalayas
- 양지바른 초지 Sunny grassland

Part **3**

부록

조사대상지 오름 식물
16개 조사 오름 전체 목록

국명	학명	금오름	안돌오름	용눈이오름	입산봉
뱀톱	*Huperzia serrata* (Thunb.) Trevis.				
산꽃고사리삼	*Botrychium japonicum* (Prantl) Underw.				
산고사리삼	*Botrychium robustum* (Rupr. ex Milde) Underw.		○		
고사리삼	*Botrychium ternatum* (Thunb.) Sw.			○	
솔잎란	*Psilotum nudum* (L.) P.Beauv.				
고비	*Osmunda japonica* Thunb.		○		
풀고사리	*Diplopterygium glaucum* (Thunb. ex Houtt.) Nakai				
발풀고사리	*Dicranopteris linearis* (Burm.f.) Underw.				
실고사리	*Lygodium japonicum* (Thunb.) Sw.		○	○	○
네가래	*Marsilea quadrifolia* L.	○			
바위고사리	*Odontosoria chinensis* (L.) J. Sm.				
돌잔고사리	*Microlepia marginata* (Panz.) C.Chr.				
깃돌잔고사리	*Microlepia marginata* (Panz.) C.Chr. var. *bipinnata* Makino				
돌토끼고사리	*Microlepia strigosa* (Thunb.) C.Presl				○
고사리	*Pteridium aquilinum* (L.) Kuhn var. *latiusculum* (Desv.) Underw. ex A. Heller	○	○	○	○
물고사리	*Ceratopteris thalictroides* (L.) Brongn.				○
고비고사리	*Coniogramme intermedia* Hieron.			○	
가지고비고사리	*Coniogramme japonica* (Thunb.) Diels				
일엽아재비	*Haplopteris flexuosa* (Fée) E.H.Crane				
선바위고사리	*Onychium japonicum* (Thunb.) Kunze				
봉의꼬리	*Pteris multifida* Poir.				
꼬리고사리	*Asplenium incisum* Thunb.			○	
쪽잔고사리	*Asplenium ritoense* Hayata				
별고사리	*Cyclosorus acuminatus* (Houtt.) Nakai ex H.Itô	○	○		○
털별고사리	*Cyclosorus parasiticus* (L.) Farw.				

절물오름	지미봉	체오름	당오름	물영아리	민머루오름	병곳오름	수악	원수악	자배봉	하논	다랑쉬오름
				○	○	○	○				
				○		○					○
○					○						
		○									
		○									
		○	○				○		○		○
		○		○							○
						○			○		
	○	○			○	○				○	○
	○					○		○			○
										○	
							○				
	○									○	○
		○	○	○		○	○	○	○		○
				○	○	○	○				
							○				
									○		
								○			○
	○						○			○	
	○	○	○	○						○	
								○			
	○	○				○	○	○		○	○
	○										

국명	학명	금오름	안돌오름	용눈이오름	입산봉
진퍼리고사리	*Leptogramma pozoi* (Lag.) Ching subsp. *mollisima* (Fisch. ex Kunze) Nakaike				
탐라사다리고사리	*Parathelypteris angustifrons* (Miq.) Ching				
가는잎처녀고사리	*Parathelypteris beddomei* (Baker) Ching				
사다리고사리	*Parathelypteris glanduligera* (Kunze) Ching	○	○		
지네고사리	*Parathelypteris japonica* (Baker) Ching				
설설고사리	*Phegopteris decursive-pinnata* (H.C.Hall) Fée		○		
개면마	*Pentarhizidium orientale* (Hook.) Hayata		○		
참새발고사리	*Athyrium brevifrons* Nakai ex Kitag.				
개고사리	*Athyrium niponicum* (Mett.) Hance				
좀진고사리	*Deparia conilii* (Franch. & Sav.) M.Kato				
진고사리	*Deparia japonica* (Thunb.) M.Kato				
털진고사리	*Deparia kiusiana* (Koidz.) M.Kato				
푸른개고사리	*Deparia viridifrons* (Makino) M.Kato				
가는쇠고사리	*Arachniodes aristata* (G.Forst.) Tindale				
왁살고사리	*Arachniodes borealis* Seriz.				
일색고사리	*Arachniodes standishii* (T.Moore) Ohwi				
참쇠고비	*Cyrtomium caryotideum* var. *coreanum* Nakai				
긴잎도깨비쇠고비	*Cyrtomium devexiscapulae* (Koidz.) Koidz. & Ching				
도깨비쇠고비	*Cyrtomium falcatum* (L.f.) C.Presl	○			○
쇠고비	*Cyrtomium fortunei* J.Sm.	○			
관중	*Dryopteris crassirhizoma* Nakai				
홍지네고사리	*Dryopteris erythrosora* (D.C.Eaton) Kuntze		○		
비늘고사리	*Dryopteris lacera* (Thunb.) Kuntze				
큰족제비고사리	*Dryopteris pudouensis* Ching	○			
산족제비고사리	*Dryopteris setosa* (Thunb.) Akasawa				
곰비늘고사리	*Dryopteris uniformis* (Makino) Makino	○			
족제비고사리	*Dryopteris varia* (L.) Kuntze				

절물오름	지미봉	체오름	당오름	물영아리	민머루오름	병곳오름	수악	원수악	자배봉	하논	다랑쉬오름
○								○			
											○
					○						
	○										○
○											
		○									○
		○									
			○								
○											
											○
○											○
○											
○											
							○	○			
○											
○							○				
									○		
									○		
	○					○	○	○	○	○	○
○		○				○	○		○		
○											
		○		○		○	○		○		○
○		○								○	
○					○				○		○
○					○				○		○
		○	○						○		○
	○	○		○	○	○	○	○	○	○	

국명	학명	금오름	안돌오름	용눈이오름	입산봉
낚시고사리	*Polystichum craspedosorum* (Maxim.) Diels				
참나도히초미	*Polystichum ovatopaleaceum* (Kodama) Sa.Kurata var. *coraiense* (Christ) Sa.Kurata				
나도히초미	*Polystichum polyblepharum* (Roem. ex Kunze) C.Presl		○		
십자고사리	*Polystichum tripteron* (Kunze) C.Presl				
줄고사리	*Nephrolepis cordifolia* (L.) C.Presl	○			
콩짜개덩굴	*Lemmaphyllum microphyllum* C.Presl	○			
일엽초	*Lepisorus thunbergianus* (Kaulf.) Ching				
산일엽초	*Lepisorus ussuriensis* (Regel & Maack) Ching				
소철	*Cycas revoluta* Thunb.				○
소나무	*Pinus densiflora* Siebold & Zucc.				
리기다소나무	*Pinus rigida* Mill.				
곰솔	*Pinus thunbergii* Parl.	○	○	○	○
편백	*Chamaecyparis obtusa* (Siebold & Zucc.) Endl.		○		○
삼나무	*Cryptomeria japonica* (Thunb. ex L.f.) D.Don	○	○	○	
향나무	*Juniperus chinensis* L.				
측백나무	*Platycladus orientalis* (L.) Franco				
나한송	*Podocarpus macrophyllus* (Thunb.) Sweet				
주목	*Taxus cuspidata* Siebold & Zucc.				
비자나무	*Torreya nucifera* (L.) Siebold & Zucc.	○			○
굴피나무	*Platycarya strobilacea* Siebold & Zucc.		○		
버드나무	*Salix pierotii* Miq.				○
사방오리	*Alnus firma* Siebold & Zucc.				
까치박달	*Carpinus cordata* Blume				
서어나무	*Carpinus laxiflora* (Siebold & Zucc.) Blume				
개서어나무	*Carpinus tschonoskii* (Siebold & Zucc.) Maxim.				
소사나무	*Carpinus turczaninowii* Hance				
밤나무	*Castanea crenata* Siebold & Zucc.				
구실잣밤나무	*Castanopsis sieboldii* (Makino) Hatus.				

절물오름	지미봉	체오름	당오름	물영아리	민머루오름	병곳오름	수악	원수악	자배봉	하논	다랑쉬오름
					○						
		○					○				
○		○		○		○	○		○	○	○
○		○	○	○	○		○				
	○	○		○			○		○		
○							○				
○											
			○		○		○				
											○
	○	○	○	○		○	○	○	○	○	○
		○		○				○	○	○	○
○	○	○	○	○	○	○	○	○	○	○	○
								○		○	
										○	○
		○				○					
○					○						○
○				○							
		○	○								
	○										
○											
○		○		○	○	○	○		○		
					○						
											○
								○	○		
		○		○		○	○	○	○		○

국명	학명	금오름	안돌오름	용눈이오름	입산봉
붉가시나무	*Quercus acuta* Thunb.				
상수리나무	*Quercus acutissima* Carruth.		○		
개가시나무	*Quercus gilva* Blume				
종가시나무	*Quercus glauca* Thunb.				
신갈나무	*Quercus mongolica* Fisch. ex Ledeb.				
졸참나무	*Quercus serrata* Murray				
팽나무	*Celtis sinensis* Pers.	○		○	○
느티나무	*Zelkova serrata* (Thunb.) Makino				
닥나무	*Broussonetia* ✕ *hanjiana* M.Kim				
꾸지뽕나무	*Cudrania tricuspidata* (Carrière) Bureau ex Lavallée	○			○
천선과나무	*Ficus erecta* Thunb.	○			○
좁은잎천선과	*Ficus erecta* Thunb. f. *sieboldii* (Miq.) Corner				○
모람	*Ficus oxyphylla* Miq. ex Zoll.				
왕모람	*Ficus pumila* L.				
뽕나무	*Morus alba* L.		○		
산뽕나무	*Morus australis* Poir.	○		○	○
가새뽕나무	*Morus bombycis* f. *dissecta* Nakai ex Mori				○
환삼덩굴	*Humulus scandens* (Lour.) Merr.	○			○
왜모시풀	*Boehmeria japonica* (L.f.) Miq.	○			
모시풀	*Boehmeria nivea* (L.) Gaudich.				○
섬모시풀	*Boehmeria nivea* (L.) Gaudich. var. *nipononivea* (Koidz.) W.T.Wang				
왕모시풀	*Boehmeria pannosa* Nakai & Satake ex Oka	○		○	○
개모시풀	*Boehmeria platanifolia* (Franch. & Sav.) C.H.Wright				
긴잎모시풀	*Boehmeria sieboldiana* Blume				
좀깨잎나무	*Boehmeria spicata* (Thunb.) Thunb.				
혹쐐기풀	*Laportea bulbifera* (Siebold & Zucc.) Wedd.				
나도물통이	*Nanocnide japonica* Blume				
모시물통이	*Pilea pumila* (L.) A.Gray				

절물오름	지미봉	체오름	당오름	물영아리	민머루오름	병곳오름	수악	원수악	자배봉	하논	다랑쉬오름
		○					○				
		○				○	○	○	○		○
											○
				○						○	○
					○						
				○							
○	○	○	○	○					○	○	○
		○									○
											○
○	○	○	○	○			○	○			○
	○	○				○	○		○	○	○
	○	○									
		○						○			
							○	○		○	
○	○	○	○	○	○	○	○				○
		○								○	○
											○
	○									○	○
	○										
	○	○				○			○	○	
					○						○
○	○	○	○								
		○						○			○
○											
	○	○									
					○						○

국명	학명	금오름	안돌오름	용눈이오름	입산봉
동백나무 겨우살이	*Korthalsella japonica* (Thunb.) Engl.				
꽃여뀌	*Persicaria conspicua* (Nakai) Nakai ex T.Mori	○			
이삭여뀌	*Persicaria filiformis* (Thunb.) Nakai ex T.Mori		○	○	
여뀌	*Persicaria hydropiper* (L.) Delarbre	○		○	
흰꽃여뀌	*Persicaria japonica* (Meisn.) Nakai	○			
개여뀌	*Persicaria longiseta* (Bruijn) Kitag.	○			
넓은잎미꾸리낚시	*Persicaria muricata* (Meisn.) Nemoto				
명아자여뀌	*Persicaria nodosa* (Pers.) Opiz	○			
장대여뀌	*Persicaria posumbu* (Buch.-Ham. ex D.Don) H.Gross			○	
좁은잎미꾸리낚시	*Persicaria praetermissa* (Hook.f.) H.Hara				○
미꾸리낚시	*Persicaria sagittata* (L.) H.Gross				
며느리밑씻개	*Persicaria senticosa* (Meisn.) H.Gross ex Nakai				○
고마리	*Persicaria thunbergii* (Siebold & Zucc.) H.Gross				
수영	*Rumex acetosa* L.	○	○		○
애기수영	*Rumex acetosella* L.	○	○		○
묵밭소리쟁이	*Rumex conglomeratus* Murray		○		
소리쟁이	*Rumex crispus* L.	○	○		
참소리쟁이	*Rumex japonicus* Houtt.				
돌소리쟁이	*Rumex obtusifolius* L.		○		
미국자리공	*Phytolacca americana* L.	○	○		
카나리아야자	*Phoenix canariensis* Hort. ex Chabaud				○
당종려	*Trachycarpus wagnerianus* Hort. ex Becc.				
석류풀	*Mollugo pentaphylla* L.				○
쇠비름	*Portulaca oleracea* L.				
유럽 점나도나물	*Cerastium glomeratum* Thuill.			○	○
점나도나물	*Cerastium holosteoides* Fr. var. *hallaisanense* (Nakai) Mizush.	○	○		
술패랭이꽃	*Dianthus longicalyx* Miq.				

절물오름	지미봉	체오름	당오름	물영아리	민머루오름	병곳오름	수악	원수악	자배봉	하논	다랑쉬오름
						○					
		○					○		○		○
								○			
								○			○
				○							
										○	
	○										○
				○							
○		○				○				○	○
		○	○								○
											○
								○			
			○								○
										○	
										○	
											○
	○	○			○					○	
											○

국명	학명	금오름	안돌오름	용눈이오름	입산봉
참개별꽃	*Pseudostellaria coreana* (Nakai) Ohwi				
개별꽃	*Pseudostellaria heterophylla* (Miq.) Pax		○		
큰개별꽃	*Pseudostellaria palibiniana* (Takeda) Ohwi				
개미자리	*Sagina japonica* (Sw.) Ohwi				
양장구채	*Silene gallica* L.				○
쇠별꽃	*Stellaria aquatica* (L.) Scop.	○			
별꽃	*Stellaria media* (L.) Vill.	○			
명아주	*Chenopodium album* L. var. *centrorubrum* Makino	○			○
좀명아주	*Chenopodium ficifolium* Sm.				○
쇠무릎	*Achyranthes bidentata* Blume var. *japonica* Miq.	○	○		○
선인장	*Opuntia ficus-indica* (L.) Mill.				○
목련	*Magnolia kobus* DC.				
남오미자	*Kadsura japonica* (L.) Dunal		○		○
붓순나무	*Illicium anisatum* L.				
육박나무	*Actinodaphne lancifolia* (Blume) Meisn.				
녹나무	*Cinnamomum camphora* (L.) J.Presl				
생달나무	*Cinnamomum yabunikkei* H.Ohba				○
비목나무	*Lindera erythrocarpa* Makino	○	○		
까마귀쪽나무	*Litsea japonica* (Thunb.) Juss.	○			○
센달나무	*Machilus japonica* Siebold & Zucc. ex Meisn.				
후박나무	*Machilus thunbergii* Siebold & Zucc. ex Meisn.	○	○	○	○
새덕이	*Neolitsea aciculata* (Blume) Koidz.				
참식나무	*Neolitsea sericea* (Blume) Koidz.	○	○		
한라돌쩌귀	*Aconitum japonicum* Thunb. subsp. *napiforme* (H.Lév. & Vaniot) Kadota				
개승마	*Actaea biternata* (Siebold & Zucc.) Prantl				
왜승마	*Actaea japonica* Thunb.				
복수초	*Adonis amurensis* Regel & Radde				
세복수초	*Adonis multiflora* Nishikawa & Koji Ito				

절물오름	지미봉	체오름	당오름	물영아리	민머루오름	병곳오름	수악	원수악	자배봉	하논	다랑쉬오름
					○						
○											
○											
										○	○
		○								○	○
	○										
	○	○								○	○
○										○	○
	○	○		○		○	○				○
		○									
		○					○				
										○	
	○	○		○	○	○	○		○		○
○		○		○	○	○	○	○	○		
	○	○				○			○	○	○
		○		○			○		○		
	○	○	○	○		○	○	○	○	○	○
		○		○			○		○		
		○		○	○	○	○		○		○
											○
○		○									
			○								
				○							
○		○	○								

국명	학명	금오름	안돌오름	용눈이오름	입산봉
꿩의바람꽃	*Anemone raddeana* Regel				
사위질빵	*Clematis apiifolia* DC.	○	○	○	○
참으아리	*Clematis terniflora* DC.				○
으아리	*Clematis terniflora* DC. var. *mandshurica* (Rupr.) Ohwi				
할미밀망	*Clematis trichotoma* Nakai				
변산바람꽃	*Eranthis byunsanensis* B.Y.Sun				
새끼노루귀	*Hepatica insularis* Nakai				
가는잎할미꽃	*Pulsatilla cernua* (Thunb.) Bercht. ex J.Presl		○	○	○
털개구리미나리	*Ranunculus cantoniensis* DC.				
미나리아재비	*Ranunculus japonicus* Thunb.	○			○
개구리자리	*Ranunculus sceleratus* L.				
개구리갓	*Ranunculus ternatus* Thunb.				○
개구리발톱	*Semiaquilegia adoxoides* (DC.) Makino	○	○	○	
좀꿩의다리	*Thalictrum minus* (Pamp.) Pamp. var. *hypoleucum* (Siebold & Zucc.) Miq.				○
남천	*Nandina domestica* Thunb.				○
으름덩굴	*Akebia quinata* (Houtt.) Decne.	○	○		
멀꿀	*Stauntonia hexaphylla* (Thunb.) Decne.				○
댕댕이덩굴	*Cocculus orbiculatus* (L.) DC.	○	○	○	○
함박이	*Stephania japonica* (Thunb.) Miers				
개연꽃	*Nuphar japonica* DC.				○
수련	*Nymphaea tetragona* Georgi				○
삼백초	*Saururus chinensis* (Lour.) Baill.	○			
후추등	*Piper kadsura* (Choisy) Ohwi				
옥녀꽃대	*Chloranthus fortunei* (A.Gray) Solms				
개족도리풀	*Asarum maculatum* Nakai				
족도리풀	*Asarum sieboldii* Miq.				
다래	*Actinidia arguta* (Siebold & Zucc.) Planch. ex Miq.				
동백나무	*Camellia japonica* L.	○			○

절물오름	지미봉	체오름	당오름	물영아리	민머루오름	병곳오름	수악	원수악	자배봉	하논	다랑쉬오름
○											
○	○	○	○	○				○	○	○	○
	○		○			○				○	○
				○							
										○	
○											
○		○		○	○						
		○	○								○
								○			
											○
○										○	
○	○	○		○					○	○	○
										○	
○	○	○	○								○
		○	○	○	○	○	○	○	○	○	
○		○	○		○		○				○
	○										
				○		○	○				
										○	
	○									○	
									○		○
○											
					○						
○		○									
	○	○		○		○	○		○	○	○

국명	학명	금오름	안돌오름	용눈이오름	입산봉
비쭈기나무	*Cleyera japonica* Thunb.				
우묵사스레피	*Eurya emarginata* (Thunb.) Makino				○
사스레피나무	*Eurya japonica* Thunb.		○		○
물레나물	*Hypericum ascyron* L.				
고추나물	*Hypericum erectum* Thunb.		○		
물고추나물	*Triadenum japonicum* (Blume) Makino				
왜현호색	*Corydalis ambigua* Cham. & Schltdl.				
좀현호색	*Corydalis decumbens* (Thunb.) Pers.		○		
자주괴불주머니	*Corydalis incisa* (Thunb.) Pers.	○			○
눈괴불주머니	*Corydalis ochotensis* Turcz.				
현호색	*Corydalis remota* Fisch. ex Maxim.		○		
유럽나도냉이	*Barbarea vulgaris* R.Br.				
갓	*Brassica juncea* (L.) Czern.				○
유채	*Brassica napus* L.				○
냉이	*Capsella bursa-pastoris* (L.) Medik.	○			
좁쌀냉이	*Cardamine fallax* (O.E.Schulz) Nakai	○			
황새냉이	*Cardamine flexuosa* With.				
벌깨냉이	*Cardamine glechomifolia* H.Lév. & Vaniot		○		
꽃다지	*Draba nemorosa* L.				
다닥냉이	*Lepidium apetalum* Willd.	○			
콩다닥냉이	*Lepidium virginicum* L.				○
갯무	*Raphanus sativus* L. var. *hortensis* Backer f. *raphanistroides* Makino				○
유럽장대	*Sisymbrium officinale* (L.) Scop.	○			
조록나무	*Distylium racemosum* Siebold & Zucc.				
말똥비름	*Sedum bulbiferum* Makino	○	○		○
흰괭이눈	*Chrysosplenium barbatum* Nakai				
산괭이눈	*Chrysosplenium japonicum* (Maxim.) Makino		○		
바위떡풀	*Saxifraga fortunei* Hook.				

절물 오름	지미봉	체오름	당오름	물영 아리	민머루 오름	병곳 오름	수악	원수악	자배봉	하논	다랑쉬 오름
							○		○		
	○					○				○	○
○	○	○		○	○	○	○		○	○	○
		○								○	○
		○									○
				○							
○		○									
		○									
	○	○			○				○	○	○
		○									
		○									
			○								
										○	
										○	
										○	○
										○	
○		○									
		○									
										○	
										○	
				○						○	○
○											
○		○									
					○						

국명	학명	금오름	안돌오름	용눈이오름	입산봉
수국	*Hydrangea macrophylla* (Thunb.) Ser.				○
산수국	*Hydrangea macrophylla* (Thunb.) Ser. subsp. *serrata* (Thunb.) Makino		○		
등수국	*Hydrangea petiolaris* Siebold & Zucc.				
바위수국	*Schizophragma hydrangeoides* Siebold & Zucc.				
물매화	*Parnassia palustris* L.				
까치밥나무	*Ribes mandshuricum* (Maxim.) Kom.				
돈나무	*Pittosporum tobira* (Thunb.) W.T.Aiton				○
짚신나물	*Agrimonia pilosa* Ledeb.	○	○	○	○
좀낭아초	*Chamaerhodos erecta* (L.) Bunge			○	
뱀딸기	*Duchesnea indica* (Andrews) Focke				
비파나무	*Eriobotrya japonica* (Thunb.) Lindl.				○
큰뱀무	*Geum aleppicum* Jacq.	○	○		
뱀무	*Geum japonicum* Thunb.				
홍가시나무	*Photinia glabra* (Thunb.) Maxim.				○
윤노리나무	*Photinia villosa* (Thunb.) DC.	○			
떡윤노리나무	*Pourthiaea villosa* (Thunb.) Decne. var. *brunnea* (H.Lév.) Nakai				
딱지꽃	*Potentilla chinensis* Ser.			○	
솜양지꽃	*Potentilla discolor* Bunge				
양지꽃	*Potentilla fragarioides* L.		○	○	○
세잎양지꽃	*Potentilla freyniana* Bornm.	○			
가락지나물	*Potentilla kleiniana* Wight & Arn.	○	○	○	
좀양지꽃	*Potentilla matsumurae* Th.Wolf				○
섬개벚나무	*Prunus buergeriana* Miq.				
산개벚지나무	*Prunus maximowiczii* Rupr.				
귀룽나무	*Prunus padus* L.				
복사나무	*Prunus persica* (L.) Stokes				
산벚나무	*Prunus sargentii* Rehder				
벚나무	*Prunus serrulata* Lindl. f. *spontanea* (E.H.Wilson) Chin S.Chang				

절물오름	지미봉	체오름	당오름	물영아리	민머루오름	병곳오름	수악	원수악	자배봉	하논	다랑쉬오름
○		○		○	○	○	○				○
○					○						
					○		○				
											○
											○
	○										
	○	○	○					○			○
		○									○
										○	
○	○	○						○			○
	○	○						○			
○			○								○
											○
		○	○								○
		○									
	○	○	○			○		○			○
		○	○								
		○			○			○			○
							○				
					○						
○											
	○										○
				○	○		○				
	○								○		

국명	학명	금오름	안돌오름	용눈이오름	입산봉
올벚나무	*Prunus spachiana* (Lavallée ex Ed.Otto) Kitam. f. *ascendens* (Makino) Kitam.	○			
왕벚나무	*Prunus × yedoensis* Matsum.	○			○
피라칸타	*Pyracantha angustifolia* (Franch.) C.K.Schneid.				
돌가시나무	*Rosa lucieae* Franch. & Rochebr. ex Crép.	○	○		○
용가시나무	*Rosa maximowicziana* Regel		○	○	○
찔레꽃	*Rosa multiflora* Thunb.	○	○	○	○
겨울딸기	*Rubus buergeri* Miq.				
복분자딸기	*Rubus coreanus* Miq.	○			○
산딸기	*Rubus crataegifolius* Bunge	○	○		○
검은딸기	*Rubus croceacanthus* H.Lév.				
장딸기	*Rubus hirsutus* Thunb.	○	○	○	
가시딸기	*Rubus hongnoensis* Nakai		○		
멍석딸기	*Rubus parvifolius* L.	○	○	○	○
줄딸기	*Rubus pungens* Cambess.	○			
거문딸기	*Rubus trifidus* Thunb.				
오이풀	*Sanguisorba officinalis* L.	○	○	○	
팥배나무	*Sorbus alnifolia* (Siebold & Zucc.) K.Koch				
국수나무	*Stephanandra incisa* (Thunb.) Zabel	○	○		
자귀풀	*Aeschynomene indica* L.				
자귀나무	*Albizia julibrissin* Durazz.		○		
새콩	*Amphicarpaea bracteata* (L.) Fernald subsp. *edgeworthii* (Benth.) H.Ohashi				
자주개황기	*Astragalus laxmannii* Jacq.			○	
실거리나무	*Caesalpinia decapetala* (Roth) Alston				○
차풀	*Chamaecrista nomame* (Makino) H.Ohashi		○		
여우팥	*Dunbaria villosa* (Thunb.) Makino	○			○
돌콩	*Glycine max* (L.) Merr. subsp. *soja* (Siebold & Zucc.) H.Ohashi				
개도둑놈의갈고리	*Hylodesmum podocarpum* (DC.) H.Ohashi & R.R.Mill	○			

절물오름	지미봉	체오름	당오름	물영아리	민머루오름	병곳오름	수악	원수악	자배봉	하논	다랑쉬오름
○		○	○	○	○		○	○		○	○
	○								○		○
										○	
							○				○
	○		○								
○	○	○	○	○	○	○		○	○		○
							○				
○			○	○				○			○
		○		○	○	○		○			○
				○							○
		○	○			○			○	○	○
		○									
	○	○	○			○	○	○	○		○
		○	○		○						○
											○
		○	○					○			
○		○		○				○			
		○		○	○	○			○		○
								○			
		○		○					○		○
			○					○			
											○
											○
	○										
			○							○	○
									○		○

국명	학명	금오름	안돌오름	용눈이오름	입산봉
도둑놈의갈고리	Hylodesmum podocarpum (DC.) H.Ohashi & R.R.Mill subsp. *oxyphyllum* (DC.) H.Ohashi & R.R.Mill	○			
큰낭아초	Indigofera bungeana Walp.				
낭아초	Indigofera pseudotinctoria Matsum.	○	○	○	○
둥근매듭풀	Kummerowia stipulacea (Maxim.) Makino			○	
매듭풀	Kummerowia striata (Thunb.) Schindl.			○	○
싸리	Lespedeza bicolor Turcz.			○	○
비수리	Lespedeza cuneata (Dum.Cours.) G.Don	○		○	
참싸리	Lespedeza cyrtobotrya Miq.				
괭이싸리	Lespedeza pilosa (Thunb.) Siebold & Zucc.		○	○	
풀싸리	Lespedeza thunbergii Nakai subsp. *formosa* (Vogel) H.Ohashi				
개싸리	Lespedeza tomentosa (Thunb.) Siebold ex Maxim.				
좀싸리	Lespedeza virgata (Thunb.) DC.				
벌노랑이	Lotus corniculatus L. var. *japonica* Regel		○	○	○
다릅나무	Maackia amurensis Rupr.				
솔비나무	Maackia fauriei (H.Lév.) Takeda				
칡	Pueraria lobata (Willd.) Ohwi			○	○
여우콩	Rhynchosia volubilis Lour.	○		○	
아까시나무	Robinia pseudoacacia L.				○
고삼	Sophora flavescens Aiton				○
토끼풀	Trifolium repens L.		○	○	
갈퀴나물	Vicia amoena Fisch. ex Ser.			○	
살갈퀴	Vicia angustifolia L. ex Reichard var. *segetilis* (Thuill.) W.D.J.Koch	○		○	
나비나물	Vicia unijuga A.Braun		○	○	
애기나비나물	Vicia unijuga A.Braun var. *kausanensis* H.Lév.			○	
돌동부	Vigna vexillata (L.) A.Rich. var. *tsusimensis* Matsum.	○			
덩이괭이밥	Oxalis articulata Savigny				
괭이밥	Oxalis corniculata L.		○	○	○
자주괭이밥	Oxalis debilis Kunth var. *corymbosa* (DC.) Lourteig				○

절물오름	지미봉	체오름	당오름	물영아리	민머루오름	병곳오름	수악	원수악	자배봉	하논	다랑쉬오름
					○		○	○	○		
											○
	○										○
								○			○
						○					
								○			○
								○			
											○
											○
											○
	○										○
					○						
					○						
○	○							○	○	○	○
○											○
○											○
								○		○	○
○										○	
○										○	○
○								○			○
											○
										○	
○	○	○				○		○	○	○	○
										○	

국명	학명	금오름	안돌오름	용눈이오름	입산봉
큰괭이밥	*Oxalis obtriangulata* Maxim.				
미국쥐손이	*Geranium carolinianum* L.				
선이질풀	*Geranium krameri* Franch. & Sav.				
쥐손이풀	*Geranium sibiricum* L.	○		○	○
이질풀	*Geranium thunbergii* Siebold ex Lindl. & Paxton	○		○	
깨풀	*Acalypha australis* L.				○
흰대극	*Euphorbia esula* L.				
등대풀	*Euphorbia helioscopia* L.				○
땅빈대	*Euphorbia humifusa* Willd. ex Schltdl.				
대극	*Euphorbia pekinensis* Rupr.		○	○	
개감수	*Euphorbia sieboldiana* Morren & Decne.				
예덕나무	*Mallotus japonicus* (L.f.) Müll.Arg.	○	○	○	○
산쪽풀	*Mercurialis leiocarpa* Siebold & Zucc.				
사람주나무	*Neoshirakia japonica* (Siebold & Zucc.) Esser				
여우구슬	*Phyllanthus urinaria* L.				○
여우주머니	*Phyllanthus ussuriensis* Rupr. & Maxim.				
굴거리나무	*Daphniphyllum macropodum* Miq.				
온주밀감	*Citrus unshiu* (Yu.Tanaka ex Swingle) Marcow.				
상산	*Orixa japonica* Thunb.		○		
황벽나무	*Phellodendron amurense* Rupr.				
탱자나무	*Poncirus trifoliata* (L.) Raf.				
머귀나무	*Zanthoxylum ailanthoides* Siebold & Zucc.	○			
초피나무	*Zanthoxylum piperitum* (L.) DC.	○	○		
산초나무	*Zanthoxylum schinifolium* Siebold & Zucc.	○			
왕초피나무	*Zanthoxylum simulans* Hance	○			
소태나무	*Picrasma quassioides* (D.Don) Benn.				
멀구슬나무	*Melia azedarach* L.	○			
붉나무	*Rhus chinensis* Mill.				
산검양옻나무	*Toxicodendron sylvestre* (Siebold & Zucc.) Kuntze				

절물오름	지미봉	체오름	당오름	물영아리	민머루오름	병곳오름	수악	원수악	자배봉	하논	다랑쉬오름
○											
										○	
											○
	○	○									
											○
			○								○
										○	
											○
○					○						
	○	○	○	○		○	○			○	○
○	○	○									
○				○					○		
	○									○	○
	○										
					○		○			○	
									○		○
○	○	○	○	○	○	○		○			○
											○
										○	
	○	○									○
				○	○		○	○		○	○
	○	○	○		○	○		○	○		
											○
								○			
	○	○				○				○	○
								○			○
										○	○

국명	학명	금오름	안돌오름	용눈이오름	입산봉
단풍나무	*Acer palmatum* Thunb.				
고로쇠나무	*Acer pictum* Thunb. var. *mono* (Maxim.) Maxim. ex Franch.				
당단풍나무	*Acer pseudosieboldianum* (Pax) Kom.				
나도밤나무	*Meliosma myriantha* Siebold & Zucc.				
합다리나무	*Meliosma pinnata* (Roxb.) Maxim. var. *oldhamii* (Miq. ex Maxim.) Beusekom				
꽝꽝나무	*Ilex crenata* Thunb.		○		
좀꽝꽝나무	*Ilex crenata* var. *microphylla* Maxim. ex Matsum.				
먼나무	*Ilex rotunda* Thunb.	○			
푼지나무	*Celastrus flagellaris* Rupr.				○
노박덩굴	*Celastrus orbiculatus* Thunb.	○			○
화살나무	*Euonymus alatus* (Thunb.) Siebold				
회잎나무	*Euonymus alatus* (Thunb.) Siebold f. *ciliato-dentatus* (Franch. & Sav.) Hiyama				
줄사철나무	*Euonymus fortunei* (Turcz.) Hand.-Mazz. var. *radicans* (Siebold ex Miq.) Rehder	○	○	○	
참빗살나무	*Euonymus hamiltonianus* Wall.	○			○
좀참빗살나무	*Euonymus hamiltonianus* Wall. var. *maackii* (Rupr.) Kom.				
사철나무	*Euonymus japonicus* Thunb.				○
금사철나무 (금테사철)	*Euonymus japonicus* 'Aureo-variegata'				
말오줌때	*Euscaphis japonica* (Thunb.) Kanitz				
고추나무	*Staphylea bumalda* DC.				
회양목	*Buxus sinica* (Rehder & E.H.Wilson) M.Cheng var. *koreana* (Nakai ex Rehder) Q.L.Wang				○
섬회양목	*Buxus koreana* f. *insularis* (Nakai) Kim & Kim				○
까마귀베개	*Rhamnella franguloides* (Maxim.) Weberb.				○
상동나무	*Sageretia thea* (Osbeck) M.C.Johnst.	○			○
개머루	*Ampelopsis heterophylla* (Thunb.) Siebold & Zucc.	○			○
거지덩굴	*Cayratia japonica* (Thunb.) Gagnep.				○
담쟁이덩굴	*Parthenocissus tricuspidata* (Siebold & Zucc.) Planch.				○
왕머루	*Vitis amurensis* Rupr.				○

절물오름	지미봉	체오름	당오름	물영아리	민머루오름	병곳오름	수악	원수악	자배봉	하논	다랑쉬오름
○					○		○		○		○
○											
					○						
					○				○		
		○					○				
				○	○		○	○			
										○	
											○
	○		○	○		○			○		○
				○							○
									○		
○		○	○	○					○	○	○
○								○	○		
○											○
		○								○	
						○		○		○	
		○									○
○		○									
○	○			○							○
	○		○		○		○	○	○		
○	○	○	○		○			○	○		○
			○					○	○		○
○	○				○	○	○	○	○	○	○

국명	학명	금오름	안돌오름	용눈이오름	입산봉
새머루	*Vitis flexuosa* Thunb.				
까마귀머루	*Vitis heyneana* Roem. & Schult. subsp. *ficifolia* (Bunge) C.L.Li			○	
담팔수	*Elaeocarpus sylvestris* (Lour.) Poir. var. *ellipticus* (Thunb.) H.Hara				
수까치깨	*Corchoropsis tomentosa* (Thunb.) Makino	○		○	○
고슴도치풀	*Triumfetta japonica* Makino				
황근	*Hibiscus hamabo* Siebold & Zucc.				○
무궁화	*Hibiscus syriacus* L.				○
국화잎아욱	*Modiola caroliniana* (L.) G.Don				
나도공단풀	*Sida rhombifolia* L.				○
공단풀	*Sida spinosa* L.				○
보리장나무	*Elaeagnus glabra* Thunb.				
보리밥나무	*Elaeagnus macrophylla* Thunb.	○	○		○
보리수나무	*Elaeagnus umbellata* Thunb.		○	○	○
산유자나무	*Xylosma japonica* (Thunb.) A.Gray ex H.Ohashi				
졸방제비꽃	*Viola acuminata* Ledeb.				
남산제비꽃	*Viola albida* Palib. var. *chaerophylloides* (Regel) F.Maek. ex H.Hara		○		
콩제비꽃	*Viola arcuata* Blume			○	
둥근털제비꽃	*Viola collina* Besser		○		
낚시제비꽃	*Viola grypoceras* A.Gray	○			
왜제비꽃	*Viola japonica* Langsd. ex DC.	○	○	○	○
잔털제비꽃	*Viola keiskei* Miq.		○		
제비꽃	*Viola mandshurica* W.Becker		○	○	○
긴잎제비꽃	*Viola ovato-oblonga* (Miq.) Makino				
털제비꽃	*Viola phalacrocarpa* Maxim.		○		
호제비꽃	*Viola philippica* Cav.				
뫼제비꽃	*Viola selkirkii* Pursh ex Goldie				
자주잎제비꽃	*Viola violacea* Makino				
뚜껑덩굴	*Actinostemma lobatum* (Maxim.) Maxim. ex Franch. & Sav.				

절물 오름	지미봉	체오름	당오름	물영 아리	민머루 오름	병곳 오름	수악	원수악	자배봉	하논	다랑쉬 오름
	○										
	○										○
	○									○	
		○									○
											○
										○	
	○							○		○	
	○	○	○								
	○	○	○	○		○		○	○	○	○
		○	○	○	○	○					○
								○		○	
○			○								
○		○		○	○	○	○		○		
					○						
○	○	○					○		○		
○						○	○				○
		○									○
		○									
	○	○									
								○			
○				○							
			○								
										○	

국명	학명	금오름	안돌오름	용눈이오름	입산봉
돌외	*Gynostemma pentaphyllum* (Thunb.) Makino	○			
하늘타리	*Trichosanthes kirilowii* Maxim.	○	○		
노랑하늘타리	*Trichosanthes kirilowii* Maxim. var. *japonica* Kitam.				○
좀부처꽃	*Ammannia multiflora* Roxb.				○
배롱나무	*Lagerstroemia indica* L.				○
마디꽃	*Rotala indica* (Willd.) Koehne				
마름	*Trapa japonica* Flerow				
여뀌바늘	*Ludwigia prostrata* Roxb.				○
달맞이꽃	*Oenothera biennis* L.				○
애기달맞이꽃	*Oenothera laciniata* Hill				○
개미탑	*Haloragis micrantha* (Thunb.) R.Br. ex Siebold & Zucc.		○		
단풍박쥐나무	*Alangium platanifolium* (Siebold & Zucc.) Harms				
박쥐나무	*Alangium platanifolium* (Siebold & Zucc.) Harms var. *trilobum* (Miq.) Ohwi				
식나무	*Aucuba japonica* Thunb.				
층층나무	*Cornus controversa* Hemsl.				
산딸나무	*Cornus kousa* F.Buerger ex Hance				
곰의말채나무	*Cornus macrophylla* Wall.				
말채나무	*Cornus walteri* Wangerin				
두릅나무	*Aralia elata* (Miq.) Seem.	○			○
황칠나무	*Dendropanax trifidus* (Thunb.) Makino ex H.Hara				
섬오갈피나무	*Eleutherococcus gracilistylus* (W.W.Sm.) S.Y.Hu				
팔손이	*Fatsia japonica* (Thunb.) Decne. & Planch.				
송악	*Hedera rhombea* (Miq.) Siebold & Zucc. ex Bean	○	○	○	○
음나무	*Kalopanax septemlobus* (Thunb.) Koidz.				
처녀바디	*Angelica cartilaginomarginata* (Makino ex Y.Yabe) Nakai				
구릿대	*Angelica dahurica* (Fisch. ex Hoffm.) Benth. & Hook.f. ex Franch. & Sav.			○	○
바디나물	*Angelica decursiva* (Miq.) Franch. & Sav.				
갯강활	*Angelica japonica* A.Gray				○

절물 오름	지미봉	체오름	당오름	물영 아리	민머루 오름	병곳 오름	수악	원수악	자배봉	하논	다랑쉬 오름
◯	◯	◯					◯			◯	
										◯	
								◯			◯
								◯			
										◯	
										◯	
						◯					◯
											◯
		◯				◯		◯			◯
		◯									
◯				◯					◯		
		◯									
◯				◯	◯		◯				
◯		◯		◯	◯		◯				
◯		◯		◯							◯
		◯									
		◯			◯		◯		◯		◯
										◯	◯
										◯	
										◯	◯
◯	◯	◯	◯	◯	◯	◯	◯	◯	◯	◯	◯
					◯		◯				
											◯
	◯										

국명	학명	금오름	안돌오름	용눈이오름	입산봉
시호	*Bupleurum komarovianum* Lincz.				
병풀	*Centella asiatica* (L.) Urb.		○	○	○
벌사상자	*Cnidium monnieri* (L.) Cusson				○
파드득나물	*Cryptotaenia japonica* Hassk.				
큰피막이풀	*Hydrocotyle javanica* Thunb.				
선피막이	*Hydrocotyle maritima* Honda	○	○	○	
피막이	*Hydrocotyle sibthorpioides* Lam.			○	
미나리	*Oenanthe javanica* (Blume) DC.	○			
긴사상자	*Osmorhiza aristata* (Thunb.) Rydb.				
묏미나리	*Ostericum sieboldii* (Miq.) Nakai				
갯기름나물	*Peucedanum japonicum* Thunb.				
참나물	*Pimpinella brachycarpa* (Kom.) Nakai				
참반디	*Sanicula chinensis* Bunge				
사상자	*Torilis japonica* (Houtt.) DC.				
개사상자	*Torilis scabra* (Thunb.) DC.	○			○
워싱턴야자	*Washingtonia filifera* (Linden ex André) H. Wendl.				○
노루발	*Pyrola japonica* Klenze ex Alef.				
영산홍	*Rhododendron indicum*				○
왜철쭉	*Rhododendron lateritium*				
털진달래	*Rhododendron mucronulatum* Turcz. var. *ciliatum* Nakai				
철쭉	*Rhododendron schlippenbachii* Maxim.				○
참꽃나무	*Rhododendron weyrichii* Maxim.				
산철쭉	*Rhododendron yedoense* Maxim. f. *poukhanense* (H.Lév.) Sugim. ex T.Yamaz.		○		
백량금	*Ardisia crispa* (Thunb.) A.DC.				
자금우	*Ardisia japonica* (Thunb.) Blume				○
까치수염	*Lysimachia barystachys* Bunge				
좀가지풀	*Lysimachia japonica* Thunb.				○
감나무	*Diospyros kaki* L.f.				

절물오름	지미봉	체오름	당오름	물영아리	민머루오름	병곳오름	수악	원수악	자배봉	하논	다랑쉬오름
											○
										○	○
									○		
											○
○	○	○	○		○	○	○	○			○
		○									
											○
										○	
○											
											○
	○										
											○
										○	
		○		○		○					○
										○	
		○									
		○									○
				○	○						
		○		○			○		○	○	
	○	○		○		○			○	○	
		○						○			○
○	○			○	○	○	○		○		○
											○

국명	학명	금오름	안돌오름	용눈이오름	입산봉
때죽나무	*Styrax japonicus* Siebold & Zucc.				
노린재나무	*Symplocos sawafutagi* Nagam.				
검노린재나무	*Symplocos tanakana* Nakai				
개나리	*Forsythia koreana* (Rehder) Nakai				
은목서	*Osmanthus x fortunei*				
구골나무	*Osmanthus heterophyllus* (G.Don) P.S.Green				
물푸레나무	*Fraxinus rhynchophylla* Hance				
광나무	*Ligustrum japonicum* Thunb.				
당광나무	*Ligustrum lucidum* W.T.Aiton				
쥐똥나무	*Ligustrum obtusifolium* Siebold & Zucc.	○	○	○	○
구슬붕이	*Gentiana squarrosa* Ledeb.		○	○	○
쓴풀	*Swertia japonica* (Schult.) Makino				○
자주쓴풀	*Swertia pseudochinensis* H.Hara				
어리연꽃	*Nymphoides indica* (L.) Kuntze				
박주가리	*Metaplexis japonica* (Thunb.) Makino	○			
마삭줄	*Trachelospermum asiaticum* (Siebold & Zucc.) Nakai	○			○
호자나무	*Damnacanthus indicus* C.F.Gaertn.				
네잎갈퀴	*Galium bungei* Steud. var. *trachyspermum* (A.Gray) Cufod.				
갈퀴덩굴	*Galium spurium* L.	○			○
가는네잎갈퀴	*Galium trifidum* L.				
솔나물	*Galium verum* L.	○	○	○	○
백운풀	*Oldenlandia diffusa* (Willd.) Roxb.		○		
계요등	*Paederia foetida* L.	○	○		○
꼭두서니	*Rubia argyi* (H.Lév. & Vaniot) H.Hara ex Lauener				○
큰꼭두서니	*Rubia chinensis* Regel & Maack				
갈퀴꼭두서니	*Rubia cordifolia* L.				○
애기메꽃	*Calystegia hederacea* Wall.				○
아욱메풀	*Dichondra micrantha* Urb.				○

절물오름	지미봉	체오름	당오름	물영아리	민머루오름	병곳오름	수악	원수악	자배봉	하논	다랑쉬오름
○		○	○	○	○	○	○				○
		○	○								
											○
		○								○	
										○	
									○		
○											
	○						○		○		
										○	
○	○	○	○		○	○	○	○	○	○	○
		○	○								○
											○
				○							
○	○	○		○	○	○	○		○	○	○
							○				
○											
									○	○	
										○	
		○									○
										○	
○	○	○				○					○
								○			○
○											
								○			
	○							○			

국명	학명	금오름	안돌오름	용눈이오름	입산봉
꽃받이	*Bothriospermum tenellum* (Hornem.) Fisch. & C.A.Mey.				
반디지치	*Lithospermum zollingeri* A.DC.				
꽃마리	*Trigonotis peduncularis* (Trevis.) Benth. ex Baker & S.Moore				○
작살나무	*Callicarpa japonica* Thunb.				
새비나무	*Callicarpa mollis* Siebold & Zucc.				
층꽃나무	*Caryopteris incana* (Thunb. ex Houtt.) Miq.				
누리장나무	*Clerodendrum trichotomum* Thunb.		○		
누린내풀	*Tripora divaricata* (Maxim.) P.D.Cantino				
마편초	*Verbena officinalis* L.				○
금창초	*Ajuga decumbens* Thunb.	○			
층층이꽃	*Clinopodium chinense* (Benth.) Kuntze var. *parviflorum* (Kudô) H.Hara	○	○	○	
산층층이	*Clinopodium chinense* (Benth.) Kuntze var. *shibetchense* (H.Lév.) Koidz.				
애기탑꽃	*Clinopodium gracile* (Benth.) Kuntze				
두메층층이	*Clinopodium micranthum* (Regel) H.Hara				
탑꽃	*Clinopodium multicaule* (Maxim.) Kuntze				
꽃향유	*Elsholtzia splendens* Nakai ex Maekawa		○	○	○
긴병꽃풀	*Glechoma longituba* (Nakai) Kuprian.				
산박하	*Isodon inflexus* (Thunb.) Kudô	○	○	○	○
광대수염	*Lamium album* L. subsp. *barbatum* (Siebold & Zucc.) Mennema				
광대나물	*Lamium amplexicaule* L.				
자주광대나물	*Lamium purpureum* L.	○			
익모초	*Leonurus japonicus* Houtt.	○			
송장풀	*Leonurus macranthus* Maxim.				
박하	*Mentha arvensis* L. var. *piperascens* Malinv. ex Holmes				○
쥐깨풀	*Mosla dianthera* (Buch.-Ham. ex Roxb.) Maxim.	○		○	○
꿀풀	*Prunella vulgaris* L. subsp. *asiatica* (Nakai) H.Hara		○	○	○
배암차즈기	*Salvia plebeia* R.Br.	○			

절물오름	지미봉	체오름	당오름	물영아리	민머루오름	병곳오름	수악	원수악	자배봉	하논	다랑쉬오름
	○									○	
					○						
											○
○		○		○	○	○	○		○		○
					○		○		○		
								○			
○	○	○		○	○		○				○
											○
○		○	○	○	○		○		○	○	○
		○									○
											○
											○
											○
○											○
		○									○
									○		
	○	○									○
										○	
										○	○
	○					○					○
		○									○
		○									
			○					○			○

국명	학명	금오름	안돌오름	용눈이오름	입산봉
그늘골무꽃	*Scutellaria fauriei* H.Lév. & Vaniot				
골무꽃	*Scutellaria indica* L.				
참골무꽃	*Scutellaria strigillosa* Hemsl.				
개곽향	*Teucrium japonicum* Houtt.	○			
땅꽈리	*Physalis angulata* L.		○		
도깨비가지	*Solanum carolinense* L.	○			
배풍등	*Solanum lyratum* Thunb.				
까마중	*Solanum nigrum* L.				
왕도깨비가지	*Solanum viarum* Dunal	○			
등에풀	*Dopatrium junceum* (Roxb.) Buch.-Ham. ex Benth.				
알꽈리	*Tubocapsicum anomalum* (Franch. & Sav.) Makino				
구와말	*Limnophila sessiliflora* (Vahl) Blume				○
외풀	*Lindernia crustacea* (L.) F.Muell.				
논뚝외풀	*Lindernia micrantha* D.Don				
밭뚝외풀	*Lindernia procumbens* (Krock.) Philcox				○
누운주름잎	*Mazus miquelii* Makino	○			
주름잎	*Mazus pumilus* (Burm.f.) Steenis				
우단담배풀	*Verbascum thapsus* L.				
선개불알풀	*Veronica arvensis* L.	○			
큰개불알풀	*Veronica persica* Poir.				○
개불알풀	*Veronica polita* Fr.	○			
쥐꼬리망초	*Justicia procumbens* L.		○	○	
방울꽃	*Strobilanthes oliganthus* Miq.				
야고	*Aeginetia indica* L.			○	
통발	*Utricularia japonica* Makino				○
파리풀	*Phryma leptostachya* L. var. *oblongifolia* (Koidz.) Honda				
질경이	*Plantago asiatica* L.		○	○	○
댕댕이나무	*Lonicera caerulea* L.				
인동덩굴	*Lonicera japonica* Thunb.	○	○	○	○

절물오름	지미봉	체오름	당오름	물영아리	민머루오름	병곳오름	수악	원수악	자배봉	하논	다랑쉬오름
					○						
											○
			○								
			○					○			
	○								○	○	
				○						○	
			○					○			
										○	
○											
										○	○
										○	
	○										
										○	
										○	○
											○
	○									○	
	○								○		
											○
○											
											○
	○										○
○	○	○		○	○			○	○		○
										○	
○	○	○	○	○	○	○			○		○

국명	학명	금오름	안돌오름	용눈이오름	입산봉
붉은인동	*Lonicera periclymenum*				○
말오줌나무	*Sambucus racemosa* L. subsp. *pendula* (Nakai) H.I.Lim & Chin S.Chang				
덧나무	*Sambucus racemosa* L. subsp. *sieboldiana* (Blume ex Miq.) H.Hara	○	○		
분꽃나무	*Viburnum carlesii* Hemsl.				○
가막살나무	*Viburnum dilatatum* Thunb.		○		
덜꿩나무	*Viburnum erosum* Thunb.				
분단나무	*Viburnum furcatum* Blume ex Maxim.				
아왜나무	*Viburnum odoratissimum* Ker Gawl. ex Rümpler var. *awabuki* (K.Koch) Zabel				
뚝갈	*Patrinia villosa* (Thunb.) Juss.				
솔체꽃	*Scabiosa comosa* Fisch. ex Roem. & Schult.				
당잔대	*Adenophora stricta* Miq.				
층층잔대	*Adenophora triphylla* (Thunb.) A.DC.				
잔대	*Adenophora triphylla* (Thunb.) A.DC. var. *japonica* (Regel) H.Hara		○	○	○
수염가래꽃	*Lobelia chinensis* Lour.	○			
애기도라지	*Wahlenbergia marginata* (Thunb.) A.DC.				○
좀딱취	*Ainsliaea apiculata* Sch.Bip.				
돼지풀	*Ambrosia artemisiifolia* L.	○			
개사철쑥	*Artemisia caruifolia* Buch.-Ham. ex Roxb.				
참쑥	*Artemisia codonocephala* Diels				
쑥	*Artemisia indica* Willd.	○	○	○	○
제비쑥	*Artemisia japonica* Thunb.			○	○
갯쑥부쟁이	*Aster hispidus* Thunb.				
개쑥부쟁이	*Aster meyendorffii* (Regel & Maack) Voss			○	
참취	*Aster scaber* Thunb.		○	○	
쑥부쟁이	*Aster yomena* (Kitam.) Honda	○	○		○
삽주	*Atractylodes ovata* (Thunb.) DC.		○		
도깨비바늘	*Bidens bipinnata* L.	○			○

절물오름	지미봉	체오름	당오름	물영아리	민머루오름	병곳오름	수악	원수악	자배봉	하논	다랑쉬오름
	○										
○				○						○	○
○		○	○	○	○	○	○				○
○				○	○						○
					○		○				
				○			○		○	○	
											○
											○
											○
											○
										○	
				○	○						
											○
		○									
								○			
	○	○	○	○	○	○		○			○
		○				○					○
											○
			○								
		○		○						○	○
											○
						○			○	○	

국명	학명	금오름	안돌오름	용눈이오름	입산봉
울산도깨비바늘	*Bidens pilosa* L.				
가막사리	*Bidens tripartita* L.			○	○
금잔화	*Calendula arvensis* (Vaill.) L.				○
담배풀	*Carpesium abrotanoides* L.				
좀담배풀	*Carpesium cernuum* L.				
여우오줌	*Carpesium macrocephalum* Franch. & Sav.				
산국	*Chrysanthemum boreale* (Makino) Makino				○
감국	*Chrysanthemum indicum* L.				
엉겅퀴	*Cirsium japonicum* Fisch. ex DC. var. *maackii* (Maxim.) Matsum.		○	○	○
가시엉겅퀴	*Cirsium japonicum* Fisch. ex DC. var. *spinossimum* Kitam.	○	○	○	○
바늘엉겅퀴	*Cirsium rhinoceros* (H.Lév. & Vaniot) Nakai	○	○		
실망초	*Conyza bonariensis* (L.) Cronquist				
망초	*Conyza canadensis* (L.) Cronquist	○	○	○	○
주홍서나물	*Crassocephalum crepidioides* (Benth.) S.Moore	○		○	○
이고들빼기	*Crepidiastrum denticulatum* (Houtt.) J.H.Pak & Kawano				
고들빼기	*Crepidiastrum sonchifolium* (Maxim.) J.H.Pak & Kawano				
절굿대	*Echinops setifer* Iljin				○
한련초	*Eclipta prostrata* (L.) L.				○
개망초	*Erigeron annuus* (L.) Pers.	○	○		○
큰망초	*Erigeron floribundus* (Kunth) Sch.Bip.		○		
주걱개망초	*Erigeron strigosus* Muhl. ex Willd.	○			
풀솜나물	*Euchiton japonicus* (Thunb.) Holub			○	○
등골나물	*Eupatorium japonicum* Thunb.				
골등골나물	*Eupatorium lindleyanum* DC.	○	○	○	○
벌등골나물	*Eupatorium makinoi* Kawah. & Yahara var. *oppositifolium* (Koidz.) Kawah. & Yahara				
털머위	*Farfugium japonicum* (L.) Kitam.	○			
선풀솜나물	*Gamochaeta calviceps* (Fernald) Cabrera	○	○	○	
뚱딴지	*Helianthus tuberosus* L.				○

절물오름	지미봉	체오름	당오름	물영아리	민머루오름	병곳오름	수악	원수악	자배봉	하논	다랑쉬오름
											○
										○	
○											
											○
		○									
										○	○
										○	
			○								
		○	○			○		○			○
			○								
○	○					○				○	○
	○				○						○
	○										○
											○
			○	○				○	○	○	○
		○	○	○		○					○
		○									
											○
									○		
										○	

국명	학명	금오름	안돌오름	용눈이오름	입산봉
지칭개	*Hemistepta lyrata* (Bunge) Bunge	○			
서양금혼초	*Hypochaeris radicata* L.	○	○	○	○
씀바귀	*Ixeridium dentatum* (Thunb.) Tzvelev				
벋음씀바귀	*Ixeris debilis* (Thunb.) A.Gray				
선씀바귀	*Ixeris strigosa* (H.Lév. & Vaniot) J.H.Pak & Kawano			○	
왕고들빼기	*Lactuca indica* L.	○		○	
산씀바귀	*Lactuca raddeana* Maxim.				
솜나물	*Leibnitzia anandria* (L.) Turcz.				○
곰취	*Ligularia fischeri* (Ledeb.) Turcz.				
갯취	*Ligularia taquetii* (H.Lév. & Vaniot) Nakai				
머위	*Petasites japonicus* (Siebold & Zucc.) Maxim.				○
쇠서나물	*Picris hieracioides* L. subsp. *japonica* (Thunb.) Hand.-Mazz.			○	
떡쑥	*Pseudognaphalium affine* (D.Don) Anderb.				
추분취	*Rhynchospermum verticillatum* Reinw. ex Reinw.				
은분취	*Saussurea gracilis* Maxim.				
개쑥갓	*Senecio vulgaris* L.				
산비장이	*Serratula coronata* L. subsp. *insularis* (Iljin) Kitam.		○		
양미역취	*Solidago altissima* L.	○			
미역취	*Solidago virgaurea* L. subsp. *asiatica* Kitam. ex H.Hara				
큰방가지똥	*Sonchus asper* (L.) Hill				○
방가지똥	*Sonchus oleraceus* L.				○
큰비짜루국화	*Symphyotrichum expansum* (Poepp. ex Spreng.) G.L.Nesom	○			
서양민들레	*Taraxacum officinale* F.H.Wigg.				
솜방망이	*Tephroseris kirilowii* (Turcz. ex DC.) Holub			○	
큰도꼬마리	*Xanthium orientale* L.				
도꼬마리	*Xanthium strumarium* L.	○		○	
뽀리뱅이	*Youngia japonica* (L.) DC.	○	○		○
택사	*Alisma canaliculatum* A.Braun & C.D.Bouché				○

절물오름	지미봉	체오름	당오름	물영아리	민머루오름	병곳오름	수악	원수악	자배봉	하논	다랑쉬오름
	○	○	○	○		○		○	○		○
	○										
	○										
			○								○
										○	○
											○
		○									○
○					○						
			○					○			
										○	○
○											
			○								
	○									○	
											○
			○					○			
											○
										○	
									○		○
											○
											○
										○	
											○
	○	○	○	○	○					○	○
				○							

국명	학명	금오름	안돌오름	용눈이오름	입산봉
물질경이	*Ottelia alismoides* (L.) Pers.				
가래	*Potamogeton distinctus* A.Benn.				○
애기가래	*Potamogeton octandrus* Poir.				
실말	*Potamogeton pusillus* L.				
산달래	*Allium macrostemon* Bunge		○	○	
달래	*Allium monanthum* Maxim.				
산부추	*Allium thunbergii* G.Don		○	○	
산마늘	*Allium microdictyon* Prokh.				
노간주비짜루	*Asparagus rigidulus* Nakai				○
비짜루	*Asparagus schoberioides* Kunth				○
무릇	*Barnardia japonica* (Thunb.) Schult.f.	○	○	○	○
애기나리	*Disporum smilacinum* A.Gray				
중의무릇	*Gagea lutea* (L.) Ker Gawl.				
왕원추리	*Hemerocallis fulva* (L.) L. f. *kwanso* (Regel) Kitam.				
좀비비추	*Hosta minor* (Baker) Nakai				
땅나리	*Lilium callosum* Siebold & Zucc.				
맥문동	*Liriope muscari* (Decne.) L.H.Bailey				○
개맥문동	*Liriope spicata* (Thunb.) Lour.				
맥문아재비	*Ophiopogon jaburan* (Siebold) Lodd.				
소엽맥문동	*Ophiopogon japonicus* (Thunb.) Ker Gawl.	○	○		
실맥문동	*Ophiopogon japonicus* (L.f.) Ker Gawl. var. *umbrosus* Maxim.				
둥굴레	*Polygonatum odoratum* (Mill.) Druce var. *pluriflorum* (Miq.) Ohwi			○	
청미래덩굴	*Smilax china* L.	○	○		○
밀나물	*Smilax riparia* A.DC.				○
청가시덩굴	*Smilax sieboldii* Miq.				
민청가시덩굴	*Smilax sieboldii* Miq. f. *inermis* (Nakai ex T.Mori) H.Hara				
산자고	*Tulipa edulis* (Miq.) Baker		○	○	
박새	*Veratrum oxysepalum* Turcz.				

절물오름	지미봉	체오름	당오름	물영아리	민머루오름	병곳오름	수악	원수악	자배봉	하논	다랑쉬오름
										○	
										○	
										○	
										○	
○		○		○							
	○	○							○		
		○									○
								○			
	○										○
○	○	○	○			○				○	○
○					○						
○											
		○									
				○	○						
											○
○						○					○
○	○	○				○					○
	○								○	○	
	○			○							
		○					○				
		○									○
○	○	○	○	○	○	○	○	○	○		○
	○										○
○	○										
											○
○	○	○	○								○
○											

국명	학명	금오름	안돌오름	용눈이오름	입산봉
문주란	*Crinum asiaticum* L. var. *japonicum* Baker				○
상사화	*Lycoris squamigera* Maxim.				
수선화	*Narcissus tazetta* L.				
흰꽃 나도사프란	*Zephyranthes candida* (Lindl.) Herb.				
나도사프란	*Zephyranthes carinata* Herb.				○
참마	*Dioscorea japonica* Thunb.		○		○
마	*Dioscorea polystachya* Turcz.		○		○
단풍마	*Dioscorea quinquelobata* Thunb.	○	○		
물달개비	*Monochoria vaginalis* (Burm.f.) C.Presl var. *plantaginea* (Roxb.) Solms				○
범부채	*Iris domestica* (L.) Goldblatt & Mabb.	○			○
각시붓꽃	*Iris rossii* Baker		○		
등심붓꽃	*Sisyrinchium rosulatum* E.P.Bicknell	○	○		○
몬트부레치아	*Tritonia* ✕ *crocosmiiflora* (Lemoine) G.Nicholson				○
실유카	*Yucca filamentosa* L.				○
날개골풀	*Juncus alatus* Franch. & Sav.	○			
골풀	*Juncus decipiens* (Buchenau) Nakai	○			○
길골풀	*Juncus tenuis* Willd.				
꿩의밥	*Luzula capitata* (Miq. ex Franch. & Sav.) Kom.			○	○
사마귀풀	*Aneilema keisak* Hassk.				○
닭의장풀	*Commelina communis* L.	○		○	○
나도생강	*Pollia japonica* Thunb.				
개수염	*Eriocaulon miquelianum* Körn.				
겨이삭	*Agrostis clavata* Trin. var. *nukabo* Ohwi				
뚝새풀	*Alopecurus aequalis* Sobol.	○			
조개풀	*Arthraxon hispidus* (Thunb.) Makino			○	○
털새	*Arundinella hirta* (Thunb.) Tanaka		○		
새	*Arundinella hirta* (Thunb.) Tanaka var. *ciliata* (Thunb.) Koidz.				
방울새풀	*Briza minor* L.				○

절물오름	지미봉	체오름	당오름	물영아리	민머루오름	병곳오름	수악	원수악	자배봉	하논	다랑쉬오름
											○
											○
										○	○
										○	
					○				○		○
						○		○	○	○	
○	○	○							○		○
										○	
		○									
							○				
											○
					○					○	
		○									
○		○	○			○					○
				○						○	
					○			○		○	○
	○									○	
										○	
					○						
											○
			○								○

국명	학명	금오름	안돌오름	용눈이오름	입산봉
나도기름새	*Capillipedium parviflorum* (R.Br.) Stapf				○
대새풀	*Cleistogenes hackelii* (Honda) Honda				
율무	*Coix lacryma-jobi* L. var. *ma-yuen* (Rom.Caill.) Stapf				
개솔새	*Cymbopogon goeringii* (Steud.) A.Camus		○	○	○
우산잔디	*Cynodon dactylon* (L.) Pers.				○
오리새	*Dactylis glomerata* L.	○	○		○
광릉용수염	*Diarrhena fauriei* (Hack.) Ohwi				
용수염	*Diarrhena japonica* (Franch. & Sav.) Franch. & Sav.				
바랭이	*Digitaria ciliaris* (Retz.) Koeler			○	○
돌피	*Echinochloa crus-galli* (L.) P.Beauv.				
왕바랭이	*Eleusine indica* (L.) Gaertn.				○
자주개밀	*Elymus nipponicus* Jaaska				○
개보리	*Elymus sibiricus* L.				○
개밀	*Elymus tsukushiensis* Honda var. *transiens* (Hack.) Osada				
비노리	*Eragrostis multicaulis* Steud.				
그령	*Eragrostis ferruginea* (Thunb.) P.Beauv.			○	○
큰김의털	*Festuca arundinacea* Schreb.	○	○	○	
산묵새	*Festuca japonica* Makino				
김의털	*Festuca ovina* L.		○		○
보리	*Hordeum vulgare* L.				○
띠	*Imperata cylindrica* (L.) Raeusch.	○	○	○	○
쥐보리	*Lolium multiflorum* Lam.	○	○		○
조릿대풀	*Lophatherum gracile* Brongn.				
나도겨이삭	*Milium effusum* L.	○			
참억새	*Miscanthus sinensis* Andersson	○	○		○
억새	*Miscanthus sinensis* Andersson var. *purpurascens* (Andersson) Matsum.			○	○
주름조개풀	*Oplismenus undulatifolius* (Ard.) P.Beauv.	○	○	○	
미국개기장	*Panicum dichotomiflorum* Michx.	○			

절물오름	지미봉	체오름	당오름	물영아리	민머루오름	병곳오름	수악	원수악	자배봉	하논	다랑쉬오름
					○						
										○	
											○
		○								○	○
					○						
○											○
	○							○			○
				○							○
										○	
								○			○
										○	
		○									
											○
○											
○		○				○					
	○		○	○		○		○	○		○
	○										
					○						
○		○		○	○	○	○		○	○	
	○	○	○								○
○	○	○	○	○	○	○	○		○		○

국명	학명	금오름	안돌오름	용눈이오름	입산봉
큰참새피	*Paspalum dilatatum* Poir.				○
참새피	*Paspalum thunbergii* Kunth ex Steud.			○	
수크령	*Pennisetum alopecuroides* (L.) Spreng.	○		○	○
산기장	*Phaenosperma globosum* Munro ex Benth.				
왕대	*Phyllostachys bambusoides* Siebold & Zucc.				
새포아풀	*Poa annua* L.				
포아풀	*Poa sphondylodes* Trin.				○
이대	*Pseudosasa japonica* (Siebold & Zucc. ex Steud.) Makino ex Nakai				○
신이대	*Sasa coreana* Nakai				
제주조릿대	*Sasa quelpaertensis* Nakai				
조아재비	*Setaria chondrachne* (Steud.) Honda				○
가을강아지풀	*Setaria faberi* R.A.W.Herrm.				○
금강아지풀	*Setaria pumila* (Poir.) Roem. & Schult.			○	○
강아지풀	*Setaria viridis* (L.) P.Beauv.	○			○
수강아지풀	*Setaria viridis* (L.) P.Beauv. subsp. *pycnocoma* (Steud.) Tzvelev	○			
기름새	*Spodiopogon cotulifer* (Thunb.) Hack.				
쥐꼬리새풀	*Sporobolus fertilis* (Steud.) Clayton				○
나도잔디	*Sporobolus piliferus* (Trin.) Kunth			○	
솔새	*Themeda triandra* Forssk.		○		
들묵새	*Vulpia myuros* (L.) C.C.Gmel.				
줄	*Zizania latifolia* (Griseb.) Turcz. ex Stapf	○			
잔디	*Zoysia japonica* Steud.			○	○
천남성	*Arisaema amurense* Maxim. f. *serratum* (Nakai) Kitag.				
두루미천남성	*Arisaema heterophyllum* Blume				
큰천남성	*Arisaema ringens* (Thunb.) Schott				
점박이천남성	*Arisaema serratum* (Thunb.) Schott				
무늬천남성	*Arisaema thunbergii* Blume				
토란	*Colocasia esculenta* (L.) Schott				

절물오름	지미봉	체오름	당오름	물영아리	민머루오름	병곳오름	수악	원수악	자배봉	하논	다랑쉬오름
	○										○
	○										
											○
○	○										
	○									○	
										○	○
	○						○			○	
											○
○					○						
											○
	○										
		○									
								○			
	○	○				○		○			○
										○	
			○			○		○			○
○				○							
											○
		○		○	○	○	○		○		○
○					○		○				
					○						
										○	

국명	학명	금오름	안돌오름	용눈이오름	입산봉
개구리밥	*Spirodela polyrrhiza* (L.) Schleid.	○			
애기부들	*Typha angustifolia* L.				
골사초	*Carex aphanolepis* Franch. & Sav.				
긴화살사초	*Carex benkei* Tak.Shimizu	○			
청사초	*Carex breviculmis* R.Br.				○
털대사초	*Carex ciliato-marginata* Nakai				
이삭사초	*Carex dimorpholepis* Steud.	○			
가는잎그늘사초	*Carex humilis* Leyss. var. *nana* (H.Lév. & Vaniot) Ohwi				
그늘사초	*Carex lanceolata* Boott	○			
양지사초	*Carex nervata* Franch. & Sav.				
실청사초	*Carex sabynensis* Less. ex Kunth		○		
홍노줄사초	*Carex sendaica* Franch.				
화살사초	*Carex transversa* Boott				
방동사니아재비	*Cyperus cyperoides* (L.) Kuntze	○			○
알방동사니	*Cyperus difformis* L.				○
모기방동사니	*Cyperus haspan* L.				
푸른방동사니	*Cyperus nipponicus* Franch. & Sav.				○
우산방동사니	*Cyperus tenuispica* Steud.				
쇠털골	*Eleocharis acicularis* (L.) Roem. & Schult. var. *longiseta* Svenson	○			
참바늘골	*Eleocharis attenuata* (Franch. & Sav.) Palla f. *laeviseta* (Nakai) H.Hara	○		○	
바늘골	*Eleocharis congesta* D.Don				
올방개아재비	*Eleocharis kamtschatica* (C.A.Mey.) Kom.	○			
네모골	*Eleocharis tetraquetra* Nees				
하늘지기	*Fimbristylis dichotoma* (L.) Vahl				○
바람하늘지기	*Fimbristylis littoralis* Gaudich.				
꼴하늘지기	*Fimbristylis tristachya* R.Br. var. *subbispicata* (Nees & Meyen) T.Koyama				
파대가리	*Kyllinga brevifolia* Rottb. var. *leiolepis* (Franch. & Sav.) H.Hara				○

절물오름	지미봉	체오름	당오름	물영아리	민머루오름	병곳오름	수악	원수악	자배봉	하논	다랑쉬오름
										○	
										○	
○											
	○										
					○						
		○									
		○									
○				○			○				
											○
					○						
										○	
										○	
				○							
										○	
				○							
										○	
										○	
											○

국명	학명	금오름	안돌오름	용눈이오름	입산봉
드렁방동사니	*Pycreus flavidus* (Retz.) T.Koyama				○
송이고랭이	*Schoenoplectiella triangulata* (Roxb.) J.D.Jung & H.K.Choi				
올챙이고랭이	*Schoenoplectus juncoides* (Roxb.) Palla				
큰고랭이	*Schoenoplectus tabernaemontani* (C.C.Gmel.) Palla	○			
양하	*Zingiber mioga* (Thunb.) Roscoe				
칸나	*Canna generalis* L.H.Bailey & E.Z.Bailey				
새우난초	*Calanthe discolor* Lindl.				
금새우난초	*Calanthe sieboldii* Decne. ex Regel				
금난초	*Cephalanthera falcata* (Thunb.) Blume				
보춘화	*Cymbidium goeringii* (Rchb.f.) Rchb.f.				
사철란	*Goodyera schlechtendaliana* Rchb.f.				
옥잠난초	*Liparis kumokiri* F.Maek.				
흑난초	*Liparis nervosa* (Thunb.) Lindl.				
넓은잎잠자리란	*Platanthera fuscescens* (L.) Kraenzl.				
타래난초	*Spiranthes sinensis* (Pers.) Ames	○			
소계		174	139	113	230

절물오름	지미봉	체오름	당오름	물영아리	민머루오름	병곳오름	수악	원수악	자배봉	하논	다랑쉬오름
				○						○	
										○	
											○
										○	
○		○		○	○						○
				○							○
									○		
						○	○				○
○					○						
				○							
									○		
					○						
		○						○			○
134	143	197	90	114	110	92	95	100	106	175	297

조사 대상 오름의 상관식생도 구축

15개 오름에 대하여 GIS를 이용하여 상관식생도를 작성하였다. 이러한 자료는 향후 오름의 특성분석을 통해 임상변화를 예측하기 위한 자료로 활용될 것이다.

| 금악오름 |

식생	면적	비율
경작지	176,148	23.7
관목림	32,742	4.4
습지	8,201	1.1
시설물	5,202	0.7
초지	92,030	12.4
침엽수림	427,553	57.6
총계	741,876	100.0

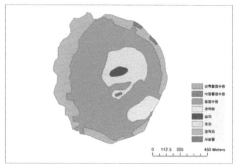

항공사진 및 상관식생도

| 체오름 |

식생	면적	비율
경작지	7,820	1.4
관목림	155,553	26.9
낙엽활엽수림	113,559	19.7
상록활엽수림	61,117	10.6
초지	86,051	14.9
침엽수림	153,129	26.5
총계	577,229	100.0

| 안돌오름 |

식생	면적	비율
경작지	-	-
관목림	129,999	38.9
초지	195,133	58.4
침엽수림	8,759	2.6
총계	333,891	100.0

 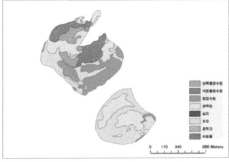

항공사진 및 상관식생도

| 용눈이오름 |

식생	면적	비율
초지	417,435	100.0

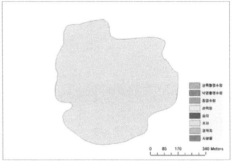

항공사진 및 상관식생도

| 입산봉 |

식생	면적	비율
경작지	69,085	29.8
관목림	6,229	2.7
초지	120,439	52.0
침엽수림	35,946	15.5
총계	231,699	100.0

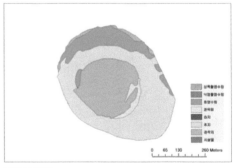

항공사진 및 상관식생도

| 절물오름 |

식생	면적	비율
관목림	13,212	2.6
낙엽활엽수림	463,918	91.0
시설물	2,758	0.5
초지	-	-
침엽수림	29,746	5.8
총계	509,634	100.0

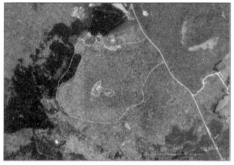 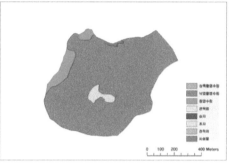

항공사진 및 상관식생도

| 지미봉 |

식생	면적	비율
관목림	5,235	1.2
상록활엽수림	11,252	2.6
시설물	5,920	1.4
초지	12,531	2.9
침엽수림	393,204	91.8
총계	428,142	100.0

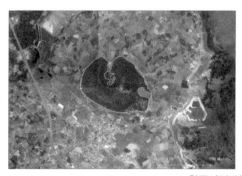 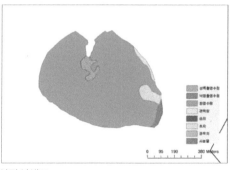

항공사진 및 상관식생도

| 당오름 |

식생	면적	비율
초지	390,606	67.9
관목림	184,348	32.1
총계	574,954	100.0

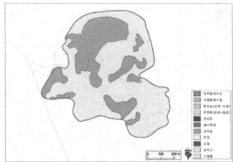

항공사진 및 상관식생도

| 물영아리 |

식생	면적	비율
습지	5,157	0.8
조림지	86,369	13.9
곰솔림	146,354	23.5
상록활엽수림	7,851	1.3
낙엽활엽수림	376,690	60.5
총계	622,421	100.0

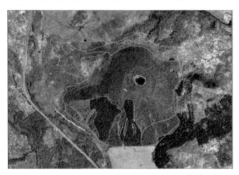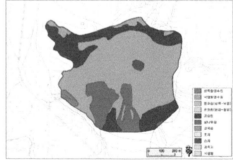

항공사진 및 상관식생도

| 민머루오름 |

식생	면적	비율
활엽수림	416,397	94.0
곰솔림	17,682	4.0
삼나무림	9,027	2.0
총계	443,106	100.0

 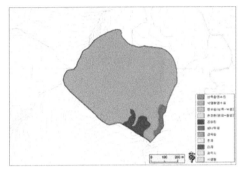

항공사진 및 상관식생도

| 병곳오름 |

식생	면적	비율
초지	9,239	1.9
경작지	1,789	0.4
혼효(곰솔/낙활/상록)	474,140	97.7
총계	485,168	100.0

 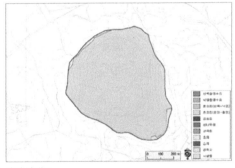

항공사진 및 상관식생도

| 수악 |

식생	면적	비율
상록활엽수림	113,879	35.7
조림지	48,839	15.3
혼효(낙활/상록)	156,705	49.1
총계	319,423	100.0

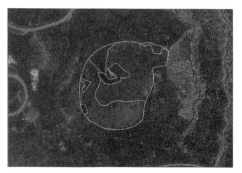 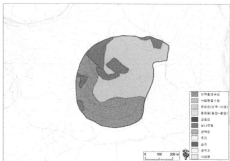

항공사진 및 상관식생도

| 원수악 |

식생	면적	비율
초지	100,031	21.0
관목림	321,136	67.3
곰솔림	46,447	9.7
삼나무림	9,637	2.0
총계	477,251	100.0

항공사진 및 상관식생도

| 자배봉 |

식생	면적	비율
경작지	17,124	3.5
활엽수림	12,366	2.5
조림지	32,140	6.6
곰솔림	385,356	78.6
시설물	43,116	8.8
총계	490,102	100.0

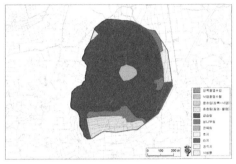

항공사진 및 상관식생도

| 하논 |

식생	면적	비율
경작지	292,002	71.0
곰솔림	62,544	15.2
초지	47,541	11.6
시설물	9,470	2.3
총계	454,673	100.0

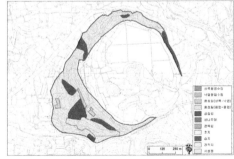

항공사진 및 상관식생도

인용문헌

박만규. 1949. 우리나라 식물명감. 문교부

박만규. 1961. 한국양치식물지. 교학도서주식회사

박만규. 1974. 한국쌍자엽식물지(본초편), 정음사

안학수, 이춘녕, 박봉현. 1982. 한국농식물자원명감. 일조각

양영환. 2004. 한국 미기록 식물 종: 소황금(골무꽃속, 꿀풀과), 한국자원식물학회지 17: 41-42

이창복. 1966. 한국수목도감, 임업시험장

이창복, 1969. 우리나라의 식물자원. 서울대학교 논문집(농생계) 20: 89-228

이창복. 1980. 대한식물도감. 향문사

정태현, 1942. 조선산림식물도설, 조선박물연구회

정태현. 1956. 한국식물도감 상. 신지사

정태현. 1957. 한국식물도감 하. 신지사

정태현. 1970. 한국동식물도감 제 5권 식물편(목· 초본류) 보유편. 문교부

정태현, 도봉섭, 심학진. 1949. 조선식물명집 I~II. 조선생물학회

정태현, 도봉섭, 이덕봉, 이휘재. 1937. 조선식물향명집, 조선박물연구회

태경환, 고성철. 1993. 상사화속의 신분류군. 한국식물분류학회지. 33: 233-241

Kim, C-S., Koh, J-G., Moon, M-O. and Kim, S-Y. 2008. *Hypoxis aurea* Lour. (Hypoxidaceae)
: Rare species from Jeju island which is rediscovered seventy years after its
first collection in Korea. Korean Journal of Plant Resources. 21(3), 226-229

Mori, T. 1922. An enumeration of plants hitherto known from Corea. The Government of
Chosen, Seoul (in Japanese)

INDEX 찾아보기

제주 오름에 피는 들꽃(가나다 순)

제주 오름에 피는 들꽃(가나다 순)

제주 오름에 피는 들꽃(ABC 순)

제주 오름에 피는 들꽃(ABC 순)

제주 오름에 피는 들꽃

1판 1쇄 인쇄 2022년 10월 10일
1판 1쇄 발행 2022년 10월 15일
저   자 국립산림과학원
발 행 인 이범만
발 행 처 **21세기사** (제406-2004-00015호)
             경기도 파주시 산남로 72-16 (10882)
             Tel. 031-942-7861   Fax. 031-942-7864
             E-mail : 21cbook@naver.com
             Home-page : www.21cbook.co.kr
             ISBN 979-11-6833-060-3

정가 25,000원